中公新書 1942

中山 理著

算数再入門

わかる、たのしい、おもしろい

中央公論新社刊

はじめに——数の世界の入り口

先生でも親でも、子どもに教えるときには愛があることが前提です。愛とは欲の反対で、自分のためではなく他のためにする行為をさします。子どもに対する愛というのは、一方的ではなく、子どもが自分は愛されていると実感できるものであることが大事です。とかく大人は、自分は子どもを愛しているのだから当然子どもは分かってくれているものと思い込んでいますが、必ずしもそうではありません。

子どもは、どの子もいろいろな伸びる可能性があり、子どもが好んでやるときには、大人も敵《かな》わないほどのことをすることが多々見受けられます。

私が小学校の3年生を受け持っていたときのことです。あるお母様が娘のことで相談にいらっしゃいました。

「先生、うちの子は、もう3年生になるというのに、家ではまだお人形遊びばかりをしているのです。幼いのです。勉強もしないでお人形遊びばっかりなので、勉強するまではお人形さんを取り上げているのですが、たくさん持っていてすぐに出してきて遊んでいます。困っているのです。こんなことでよろしいのでしょうか。これから先がとても心配です。どうしたらよいのでしょうか」

ということでした。

翌日その子に聞いてみました。

「あなたはお人形さんが好きなの？」

「うん、大好き」

「お人形さんをたくさん持っているんですって？」

「うん、私がお人形さんを好きだから、パパもおじいちゃまも、どこかへ行くと必ずそのお人形さんをお土産に買ってきてくれるの。私うれしくって」

「あ、そうなの。じゃあお人形さんをたくさん持っているんだね。それじゃあ先生にお人形さんのことを教えてくれないかなぁ？」

「うん、いいよ」

それからというもの家では、「先生に教えてあげるのだから」と言って、堂々と人形を出すようになりました。お母様も、どうなるものかと見守っていたそうです。

それから数日たって、その子が大きな模造紙を抱えて学校に来ました。見ると模造紙いっぱいに大きな世界地図が描いてあり、フランスにはフランス人形の絵を切り抜いて貼《は》ってあります。メキシコには、メキシコ人形が、日本には日本人形がというように、それぞれの国のところに、その国の民族衣装をまとった絵が貼ってありました。世界地図はお母様に手伝ってもらって描いたそうです。

私は感心して、その大きな模造紙を教室の後ろの壁に貼って展示しました。そして、

「あなた、すごいじゃない。世界のお人形さんのことがよく分かるよ。これを作るのは大変だったでしょう」

「うん。でも、ママが手伝ってくれたの」

「良かったねぇ。立派なものが出来て、すごいじゃない」

その子は4年生になって、自由研究をさせたときには、図書室で調べ、「ふくそうとかみがた」という題で、縄文時代から現代に至るまでの時代別の男女の服装と代表的な髪型の絵をノートに描いて説明文を付けて提出しました。

人形から、服装・髪型に興味が移っていったようでした。その子は、人形が好きだったので、いつの間にか世界地図と日本史の時代区分に興味を持ち、社会科の勉強が好きになりました。

子どもは環境により、育つ様子が変わります。親を見て育っていますから、親がふだん子どもに何を与え、何を話しているかで、子どもの内面の様子が変わってくるようです。音楽の好きな親の子なら、ふだんから良い曲を聴いて育っているでしょうし、本の好きな親の子

なら、小さいときから本に親しんでいるのではないかと思われます。

私は、子どものころ父親と散歩に行くと、「4.9999……と、どこまでも9が続くと5とどれくらいちがうのかなぁ」などという数的な話が多かったし、風呂の中には、1リットル、5デシリットル、1デシリットルなどのマスがあり、「この桶《おけ》は、どのマスで量れば何回でいっぱいになるかなぁ」などと遊んでいたものでした。そのようなこともあり、私は知らず知らずのうちに算数や数学が好きになったのかもしれません。

子どもの育ち方は親に責任があります。しかし、どのように育っても、駄目な子はいないと私は思っています。みな長所もあれば短所もあるのです。1人1人の良い点を見つけてそこを伸ばしてあげると、長所が伸び、短所は少なくなるような気がします。

算数は難しいものだとか、算数なんて嫌いだなどと思っている方に、この本で少しでも算数とは面白いものだとか、ああ、そうだったのかと思っていただければと思い、小学校の算数について書いてみました。皆さまのお役に少しでも立てれば嬉しいと思っています。

算数再入門　目次

イラスト・森谷満美子

1　数を教える

ふたあつ　ふたあつ
なんでしょか
おめめが　一　二　ふたつでしょ
おみみも　ほら　ね　ふたつでしょ

（「ふたあつ」まどみちお作詞）

幼児がはじめて数を意識するのはどんなときでしょうか。右の歌では、2つあるものを見付けていくことで、数を意識させているのだと思います。

小学校に入った1年生が数概念の指導で最初に習うのは「3」です。「2」では、「1」と区別するだけならともかく、数を意識するのには少な過ぎるからです。1年生では、3より大きい数もすぐに教えますから、2では1との区別だけで終わりそうです。10までの数を扱う指導なので、まず「3」から指導し、「1」「2」という順に教えています。

銀行に勤めた人に聞いたのですが、銀行に入ると、4枚ずつお札を数えていく練習をするのだそうです。４枚というのはお金を数えるのに間違いにくい数なのだそうです。数はいくつから教えなければ絶対にいけないということはありませんが、最初は３ぐらいの数から教えるのがよいのではないでしょうか。

2　壁の紙の数——1年生の数え方

小学校に入ってしばらくすると、2桁《けた》の数が数えられるようになります。しかし、このとき、単に1から順に数字を暗記して数えられるのではなく、その数字が具体的にどんな大きさを示しているかが分かることが大切です。幼児の中にもお風呂で100まで数えることができる子どももいると思います。けれども、ただ「……7、8、9……」と数えるだけではお経の暗記と一緒です。例えば「7という数がどのくらいの大きさなのか」、「この籠《かご》の中には何個のミカンが入っているのか」など、ものと数字との対応ができることが大事です。

1年生の教室の後ろの壁の、子どもたちの手が届かないところに、たくさんの画用紙を貼っておきました。その画用紙に描かれた絵は前の日に子どもたちが作ったもので、色紙を切ってその中や周りに絵が描かれていました。色紙で電車の形を作り窓などをクレヨンで描き、周りに鉄橋や川を描いたもの、色紙で大きな丸い花火を細かく貼り付け、その周りを黒く塗ったものなど、たくさんの画用紙が展示されていました。

画用紙を縦に使った作品は縦に2列に、画用紙を横に使った作品は縦に3列に並べられ、

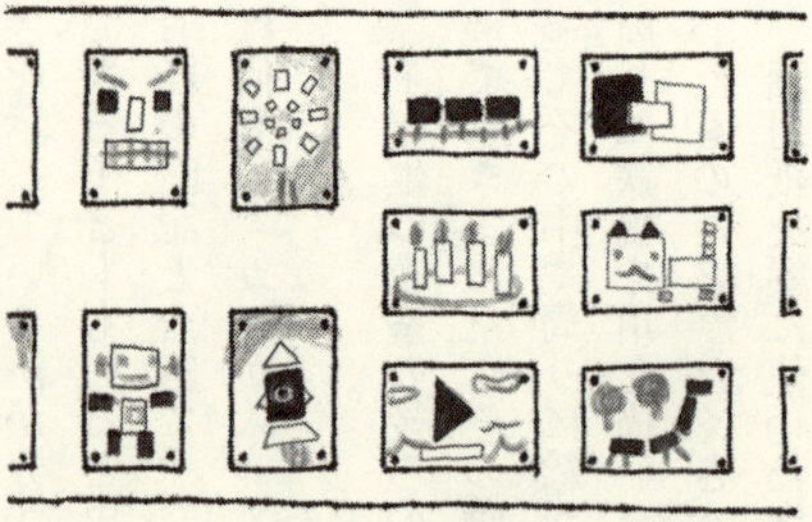

〔2−1〕

縦の線が揃《そろ》うように貼られていました。簡単に作って2枚作った子どもや、大作でまだ出来上がっていない子どももいました（〔2−1〕）。

私「後ろの壁に絵は何枚貼られているのでしょうねぇ」

子どもたちは自分の席から後ろを振り向いて、指を動かしたりしながら目で数えていました。なかには立ち上がって数えている子どももいました。

「42枚だ」

「39枚さ」

「違うよ、40枚です」

「絶対38枚だよ」

子どもたちは自分の数えた数を主張しあってうるさくなりました。

私「みんながそれぞれに、何枚、何枚と言っていますが、いったい何枚あるのでしょうね。どうすれば分かるでしょう」

「絶対に38枚です」

「違うよ、41枚さ」

私「どうすれば、みんなが何枚か分かって、そうだと言えるのでしょうね」

「絵をはずして1枚ずつ数えればいいよ」

私「いやですよ。これだけきちんと貼るのは大変なのですよ」

「じゃあ、絵に印を付けて数えれば……」

私「人の絵に勝手に印を付けたりしてはいけませんよ」

「じゃあ、みんなが自分の描いた絵の下に行ってみたら」

私「ごちゃごちゃしちゃって、駄目でしょう」

「じゃあ、1人が5枚ずつ数えて紙の下に立ったら分かるんじゃないの」

「5枚じゃ半端になるから、1人が6枚ずつ数えるほうがいいよ」


1年生でも、2と3の最小公倍数が6だということが、直感的に感じられたようでした。

私「それじゃあ、そうしてみたら」
「おい、僕が6枚数えるから、次に誰《だれ》かまた6枚数えてよ」

そのようにして数えていったら、6人が6枚ずつ数え、最後の1人が4枚で数え終わりました。

私「それで、みんなで何枚だったの？」

まだ足し算もそれほどできない子どもたちには、全体で何枚なのか分かりませんでした。

私「どうしたら、何枚あるか分かるのかなぁ」

「やっぱり、5枚ずつがいいよ」

壁に貼られた紙を指差しながら、

「1、2、3、4、5、僕はこの列の2枚目まで数えたから、次はこの列の一番下から5枚数えるんだよ」

子どもたちは、わいわい言いながら5枚ずつ数えました。すると、5枚ずつ数えた子どもが8人で数え終わりました。

私「それで、みんなで何枚だったの？」

ほとんどの子どもがすぐには分かりませんでした。

「おい、2人ずつ手をつなぎなよ」

すると、2人ずつの組が4組出来ました。

「この2人で10でしょう、ここで20でしょう。ここで30でしょう。全部で40だ」

「全部で40枚あるんだ」


壁に貼ってある画用紙の枚数が40枚だということを、1年生の子どもたちが納得するまでに40分かかりました。こうして、ものと数とを1つ1つ対応させていくことができました。

3　足して7になる数

小学校に入学したての1年生に「足す」という言葉の意味を教えた後の算数の時間でした。

私「何と何を足すと7になるのでしょうね」

「4と3を足すと7になります」

私「●●●●＋●●●で7になりますね。ほかにはどうでしょう」

「2と5で7です」

「1と6で7です」

「3と4でもいいですか」

私「4と3を逆にしたのですね。●●●＋●●●●でも7です」

「逆さまでもいいんだ。なら5と2も7です」

「6と1です」

「5と2もです」

●●●●＋●●●＝●●●●●●●
4　と　3　で　7　ですね

●●＋●●●●●＝7
2　＋　5　＝7

1＋6＝7　　6＋1＝7
3＋4＝7　　7＋0＝7
5＋2＝7　　0＋7＝7

〔3－1〕

私「5と2はさっき出ましたね。もうほかにはありませんか」

「0を使ってもいいですか」

私「いいですよ」

「じゃあ、7と0」

「0と7もだ」

私「今まで出たのを並べてみますよ」〔3−2〕

「0足す7は、1足す6の前に書いたほうがいいです」

私「ではそうします」〔3−3〕

私「足して7になる数は、もうありませんか」

「先生、引き算でもいいですか？」

私「足し算だけでは、もうないですか？」

「…………」

　左手で4本の指を、右手で3本の指を立てていた子が、

「まだ、ある。4と2と1でも7だ」

私「4足す2足す1ですね。それでも7になりますか？」

「なる、なる」

1+6=7
2+5=7
3+4=7
4+3=7
5+2=7
6+1=7
0+7=7
7+0=7

〔3−2〕

0+7=7
1+6=7
2+5=7
3+4=7
4+3=7
5+2=7
6+1=7
7+0=7

〔3−3〕

「なら、まだある。2と4と1」

「3と3と1でもいいんですか」

私「3足す3足す1でも7になりますか」

「なる」

「なりまーす」

「同じ数を2回使ってもいいんだ」

「じゃあ、2と2と2と1でも7だ」

「1と2と3と1でも7」（〔3－4〕）

「まだいっぱいある。1と3と2と1」

「1と1と1と1と1と1と1でもいいですか？」

私「1を7回足したのですね。それも全部で7ですね」

「6と1と0でも7です」

「じゃあ、いっぱいある」

「0足す3足す1足す0足す2足す1」

「5足す0足す0足す0足す0足す2」

「1足す0足す2足す0足す1足す0足す1足す2」

●●●●＋●●＋●＝7
$4+2+1=7$
$2+4+1=7$
●●●＋●●●＋1＝7
$3+3+1=7$
$2+2+2+1=7$
$1+2+3+1=7$

〔3－4〕

$1+3+2+1=7$
$1+1+1+1+1+1+1=7$
$6+1+0=7$
$0+3+1+0+2+1=7$
$5+0+0+0+0+2=7$
$1+0+2+0+1+0+1+2=7$
⋮

〔3－5〕

授業終了のチャイムの後で、

「先生、僕、家で続きを書いてくるね」

と言った子がいました。

翌日、その子はノート3ページにわたって、合計が7になる足し算の式をたくさん書いてきました（「3－5」）。

「君、よく頑張ったね。すごいじゃない。これ全部7だね」

「先生、僕、分かったんだ。0はいくつ足しても数は変わらないんだ」

「君、すごい発見じゃないの。すごいすごい」

その子は喜んで、後に算数がとても好きになり、得意になりました。

もちろん、足し算や引き算の問題を教師が作成するときには、ふつうは0を入れた問題は作りません。「□＋□＋□＝7」という問題の答に「6＋1＋0＝7」と答えたら、あるいはバツになってしまうかもしれません。しかし、足し算や引き算のときに0を計算に入れないというのは、単なる習慣に過ぎません。「何と何を足したら7になるか」と考えたとき、「0はいくつ足しても数は変わらない」と子ども自身が発見したことは素晴らしいことなのです。

4　日常使っている数――十進数

23

「この数はいくつですか。え、馬鹿《ばか》にするなですって。いえいえ決して馬鹿になどしていません。この数はいくつですか」

「『にじゅうさん』に決まっているじゃないか」

「そんなことはありませんよ。この数は『じゅういち』の意味でもあるし、『じゅうさん』でもあるし、『にじゅうしち』でもありますよ。まだまだほかの数でもいろいろ表せますよ」

「？？？」

私たちのふだん扱っている数は**十進数**です。十進数なら、この数は当然「二十三」です。でも、数の世界を知りはじめたばかりの子どもには、「23」は「二十三」だとはすぐには分からないかもしれません。「2」も知っているし「3」も知っている。けれども、「23」と書いた場合の「2」は「20」を意味するということは分からないかもしれません。ここでは十進数というものを理解することが必要なのです。

私たちの生活では、ものの数や値段など、ほとんどの数字が十進数で表されています。しかし、例えばコンピューターの世界では二進数や十六進数が使われていますし、時計の分《ふん》は六十進数で表されています。十進数はいくつもある位取りの方法の1つに過ぎないのです。「23」は、四進数なら、十進数の「十一」です。「じゅういち」とは言わずに「ニシサン」というかもしれません。五進数なら十進数の「十三」と同じ数を表しています。五進数なら「ニゴサン」というかもしれません。十二進数なら十進数の「二十七」です。十二進数なら「ニジュウニサン」というかもしれません。私たちはふだん十進数を使っていますので「23」は「にじゅうさん」と読み、「10」が2個と「3」を合わせた数だと理解しているのです。

4605

十進数の書き方は、0、1、2、3、4、5、6、7、8、9の10個の数字と、一の位、十の位、百の位、千の位というように、10倍ずつの位を決めて表した記数法で、**十進位取り**

記数法と言います。右端が一の位、その左が十の位、その左が百の位、その左が千の位で、前ページの数は「よんせんろっぴゃくご」と読み、千が4つと百が6つと一が5つを合わせた数を表すということはいまさら言う必要もないでしょう。

二進数は、0と1という2個の数字と、一の位、二の位、四の位……というように、2倍ずつの位を決めて表した数です。数字は0と1しかありませんから、数の表し方は簡単ですが、桁をたくさん使います。では、同じ大きさの数を十進数と二進数で表してみます（〔4－1〕）。

十進数		二進数				個数
十の位	一の位	八の位	四の位	二の位	一の位	
	0				0	
	1				1	○
	2			1	0	○○
	3			1	1	○○○
	4		1	0	0	○○○○
	5		1	0	1	○○○○○
	6		1	1	0	○○○○○○
	7		1	1	1	○○○○○○○
	8	1	0	0	0	○○○○○○○○
	9	1	0	0	1	○○○○○○○○○
1	0	1	0	1	0	○○○○○○○○○○

〔4－1〕

　このように表すと、十進数の10は「10が1個で1は0個」ということがはっきりします。また、「1が10個」とも考えられます。

　この2つの見方が、ふだん使っている十進数の計算の、繰り上がり、繰り下がりの大切な見方になっています。

例えば、「8足す4」は「8より4大きい数」を求める計算ですから、「8の次から4つ、9、10、11、12」と数えて答の12を求めるのは、「1が12個」あるという見方です。しかし、「8と2で10とし、あと2つ」と考えて12とすれば、これは「10のかたまりが1つとあと2」で、十の位に1繰り上がったことになります。

10は「1が10個集まった数」と見る見方と「10のかたまりが1つ」と見る見方の両方が存在し、繰り上がり、繰り下がりに用いられているのです。小学校1年生が繰り上がりや繰り下がりで混乱するのは、この2つの見方がはっきりしていないことが多いようです。ですから、小学校1年生の計算の指導では、「10を作る」という計算が大事だということになります。

コラム・数当てゲーム

小学生に二進数を教える必要はありませんが、二進数を使ったゲームなどをさせると面白がって計算しますので、紹介しましょう。1、2年生なら、カード4枚で、1から15までの整数を当てます。6年生ぐらいなら、カード6枚を使って1から63までの整数を当てることができるでしょう。

1年生に、

「1から15までの数を1つだけ決めてください。その数を当てますよ」

と言って、4枚のカードを見せます（〔4－2〕）。

どのカードからでもいいですから、順に、

「その数は、このカードにありますか？」

と見せて、「ある」とか「ない」などと言ってもらいます。

例えば、緑と青と赤のカードにあって、黄色になかったとすると、すぐに、

「それは13でしょう」

と当てます。当て方は、「ある」と答えたカードの最初の数だけを合計するのです。この場合なら、8＋4＋1で13となるわけです。

なぜそのようになるのでしょうか。

このカードは、二進数の一の位にある数を「赤」のカードに十進数で書き、二進数の二の位にある数を「黄色」の

㊟赤			
1	3	5	7
9	11	13	15

黄			
2	3	6	7
10	11	14	15

青			
4	5	6	7
12	13	14	15

緑			
8	9	10	11
12	13	14	15

〔4－2〕

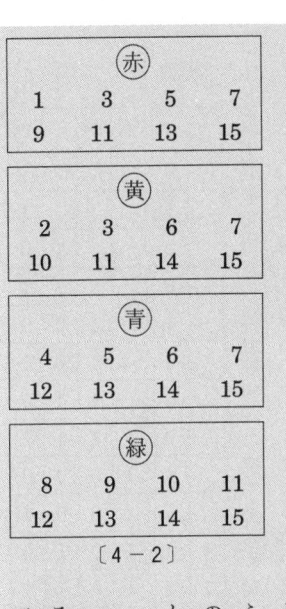

十進数		二進数			
十の位	一の位	八の位	四の位	二の位	一の位
	1				1
	2			1	0
	3			1	1
	4		1	0	0
	5		1	0	1
	6		1	1	0
	7		1	1	1
	8	1	0	0	0
	9	1	0	0	1
1	0	1	0	1	0
1	1	1	0	1	1
1	2	1	1	0	0
1	3	1	1	0	1
1	4	1	1	1	0
1	5	1	1	1	1
		↑緑	↑青	↑黄	↑赤

〔4－3〕

カードに十進数で書き、二進数の四の位にある数を「青」のカードに十進数で書き、二進数の八の位にある数を「緑」のカードに十進数で書いたものです（〔4－3〕）。

すなわち、二進数の一の位に「1」のある十進数は「1、3、5、7、9、11、13、15」ですから、その数を赤のカードに書いたのです。

同様にして、二進数の二の位に「1」のある十進数は黄色のカードに、二進数の四の位に「1」のある十進数は青のカードに、二進数の八の位に「1」のある十進数は緑のカードに書いたのです。

すると、「緑と青と赤にある数」は、二進数で八の位に「1」、四の位に「1」、一の位に「1」のある数ですから、二進数では「1101」になり、十進数で表すと13ということになります。

このカードで63までの数を当てるには、〔4－4〕のような6枚のカードが必要になります。

また、100までの数を当てるには、7枚のカードが必要になります。

(A)

1	3	5	7	9
11	13	15	17	19
21	23	25	27	29
31	33	35	37	39
41	43	45	47	49
51	53	55	57	59
61	63			

(B)

2	3	6	7	10
11	14	15	18	19
22	23	26	27	30
31	34	35	38	39
42	43	46	47	50
51	54	55	58	59
62	63			

(C)

4	5	6	7	12
13	14	15	20	21
22	23	28	29	30
31	36	37	38	39
44	45	46	47	52
53	54	55	60	61
62	63			

(D)

8	9	10	11	12
13	14	15	24	25
26	27	28	29	30
31	40	41	42	43
44	45	46	47	56
57	58	59	60	61
62	63			

(E)

16	17	18	19	20
21	22	23	24	25
26	27	28	29	30
31	48	49	50	51
52	53	54	55	56
57	58	59	60	61
62	63			

(F)

32	33	34	35	36
37	38	39	40	41
42	43	44	45	46
47	48	49	50	51
52	53	54	55	56
57	58	59	60	61
62	63			

〔4－4〕

5　0（ゼロ）について

一　0という数

子どもが大事にしながらクッキーを食べていました。「あと3個」、「あと2個」、「あと１個」、「0個、ああなくなっちゃった」。このときの0（ゼロ）は、個数がなくなったので、個数に0を使っています。子どもが野球の試合から帰ってきました。「ああ、今日は完敗だよ、僕たちのチームは0点だったよ」。この0は得点がなかったことを表しています。これらの0は、無《む》の0です。

「23個」と「２０３個」では違います。５０００円支払うところを5円しか支払わなかったら叱《しか》られます。23と２０３とは異なる数です。５０００と5とも異なる数です。この場合の0（ゼロ）は無ではないのです。0という数があるのです。２０３の0は、十の位の数が

「0」なのです。5000は「5」が千の位であることを表すために0が必要なのです。このような0を**空位《くうい》の0**と言っています。

　東京タワーの高さは333mです。このときの0mは地上のことです。富士山の頂上は海抜3776mです。このときの0mは海面です。琵琶湖《びわこ》の最も深いところは104mだと言われています。このときの0mは湖面です。このような0は**基準《きじゅん》の0**です。

「ロケット発射5秒前、4秒前、3秒前、2秒前、1秒前、発射（0秒）」と言います。大《おお》晦日《みそか》の夜十一時五十九分五十秒から、10、9、8、7、6、5、4、3、2、1、0、「ハッピー　ニュー　イヤー」と数えて新しい年を迎えます。このときの0は**合図《あいず》の0**です。

　このように、0という数字の使い方にはいろいろな種類があります。算数で大事な0は、「無の0」と「空位の0」です。十進数では、1、2、3、4、5、6、7、8、9、0という10個の異なる記号である数字と位取りで、無数の数を表しています。「基準の0」は、中学校で正の数・負の数を学ぶときには大切な意味をもちます。

二　0のある計算

「空位の0」を理解するために、実際に0のある足し算・引き算をしてみましょう。足し

2007＋3865
＝5872

```
  2007
+ 3865
------
  5872
```

6000－1234
＝4766

```
  6000
- 1234
------
  4766
```

0.49＋12.6
＝13.09

```
   0.49
+ 12.6
-------
  13.09
```

40.7－3.85
＝36.85

```
  40.7
-  3.85
-------
  36.85
```

〔5－1〕

860×2800

```
      860            86|0
   ×2800          ×28|00
   -----          -------
      000          688|
     000     →    172  |
    6880          --------
   1720           2408|000
   -------
   2408000
```

860×2800の筆算は、
(86×10)×(28×100)
と考えて、86×28の筆算をしてから
1000倍します。

740×20500

```
       74|0              205|00
   ×205|00           ×    74|0
   --------          ----------
      370|     →         820|
   148    |             1435 |
   ----------        -----------
   15170|000         15170|000
```

740×20500の筆算は、
乗法の交換法則を使って、20500×740
として桁の少ないほうを乗数にします。

〔5－2〕

5 0（ゼロ）について

算・引き算の筆算では、位を揃えて計算しなければなりません（〔5－1〕）。掛け算や割り算の筆算では、位を揃える必要はないのですが、掛け算や割り算の中の足し算や引き算では、位を揃えなければなりません（〔5－2〕〔5－3〕）。

13800÷2300

$$
\begin{array}{r}
6 \\
2300{\overline{\smash{\big)}\,13800}} \\
\underline{13800} \\
0
\end{array}
\rightarrow
\begin{array}{r}
6 \\
23{\overline{\smash{\big)}\,138}} \\
\underline{138} \\
0
\end{array}
$$

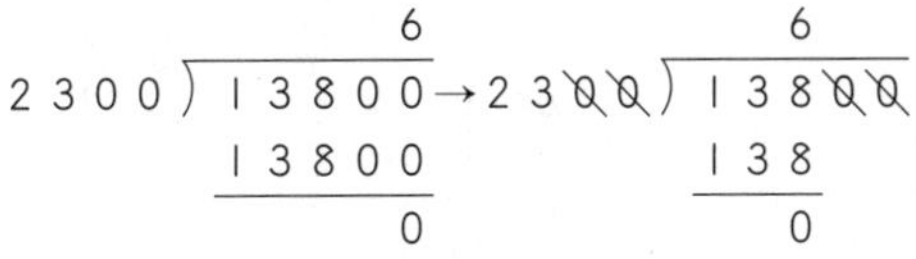

13800÷2300の計算は、「被除数（割られる数）と除数（割る数）を0でない同じ数で割っても商は変わらない」という割り算の性質を使って、138÷23の計算をします。

2.04÷0.6

$$
\begin{array}{r}
3.4 \\
0.6{\overline{\smash{\big)}\,2.0.4}} \\
\underline{18} \\
24 \\
\underline{24} \\
0
\end{array}
\rightarrow
\begin{array}{r}
3.4 \\
6{\overline{\smash{\big)}\,20.4}} \\
\underline{18} \\
24 \\
\underline{24} \\
0
\end{array}
$$

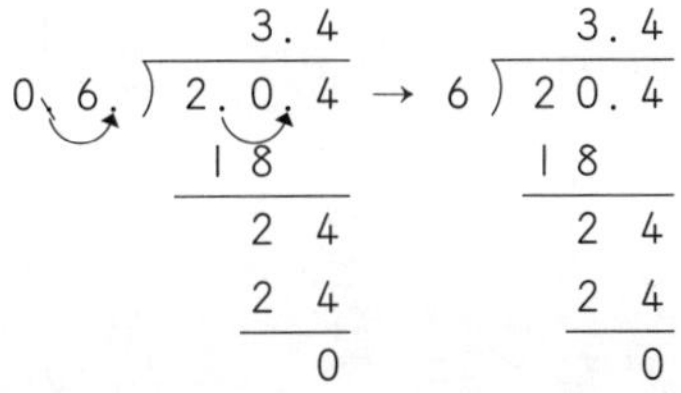

2.04÷0.6の計算は、被除数と除数を10倍して、20.4÷6の計算をします。

〔5－3〕

筆算をすると位取りの0がはっきりと分かります。2007＋3865の足し算では、２００７という数字が、「千の位が2、百の位が0、十の位が0、一の位が7」であることを2つの0が示しているのです。そのことによって、位を揃えて計算することができるのです。

買い物のコツ――子どもの作文から　　三年　M・M

僕はおつかいをするのが大好きです。だから、もっとおつかいをたのんでほしいです。つくば食品やＯＫ薬品は僕が買いに行くといつもガムやおまけをくれます。やっぱりくれたほうがうれしいです。

①　たとえば、納豆4箱３００円のと、3箱２４０円のだったら、4箱のほうが20円とくです。

3箱　２４０円　1箱　80円　80×4＝320
4箱　３００円　320－300＝20

②　たとえば、えんぴつ3本20円のと、2本18円のだったら、3本の方が7円とくです。

3本　20円
2本　18円　1本　9円　9×3＝27
27－20＝7

でも僕の家は3人家族なので、なま物やいたみやすい物は、沢山買うとよくないです。
おつかいも工夫すると面白いです。

6 繰り上がり繰り下がり

先日、大学生に尋ねられました。

「今、小学2年生の指導の補助をしているのですが、私の教えている子どもで、まだ指を使って計算している子がいて、その子は、40ぐらいになると足し算ができなくて、算数が嫌いになっています。指を使って計算させるのは良いのでしょうか？」

ということでした。

「それは、指を使うか使わないかということではなく、2桁の数が分かっていないのではないかと思いますよ」

10以上の数は、「10」と「いくつ」、「10がいくつと、あといくつ」と数えられることが大事なのです。

例えば、13円なら、「1円玉が13個で13円」というだけではなくて、「10円玉1個と1円玉が3個で13円」という、両方の数え方が出来ることが大事です。「1円玉が13個」の金額を、「10円玉1個と1円玉3個」で表せることが**繰り上がり**であり、「10円玉1個と1円玉3個」

の金額を「1円玉13個」で表せることが**繰り下がり**です。

すなわち、「一の位の10」を、「十の位の1」とするのが「繰り上がり」で、「十の位の1」を「一の位の10」にするのが、「繰り下がり」です。

27足す15は、27と15を合わせることで、「10が3で1が12」になります（〔6−1〕）。

その「1が12」を「10が1で1が2」と分けて、「27足す15」の**和**（足し算の答）を「10が4で1が2」とするのが繰り上がった答42です。

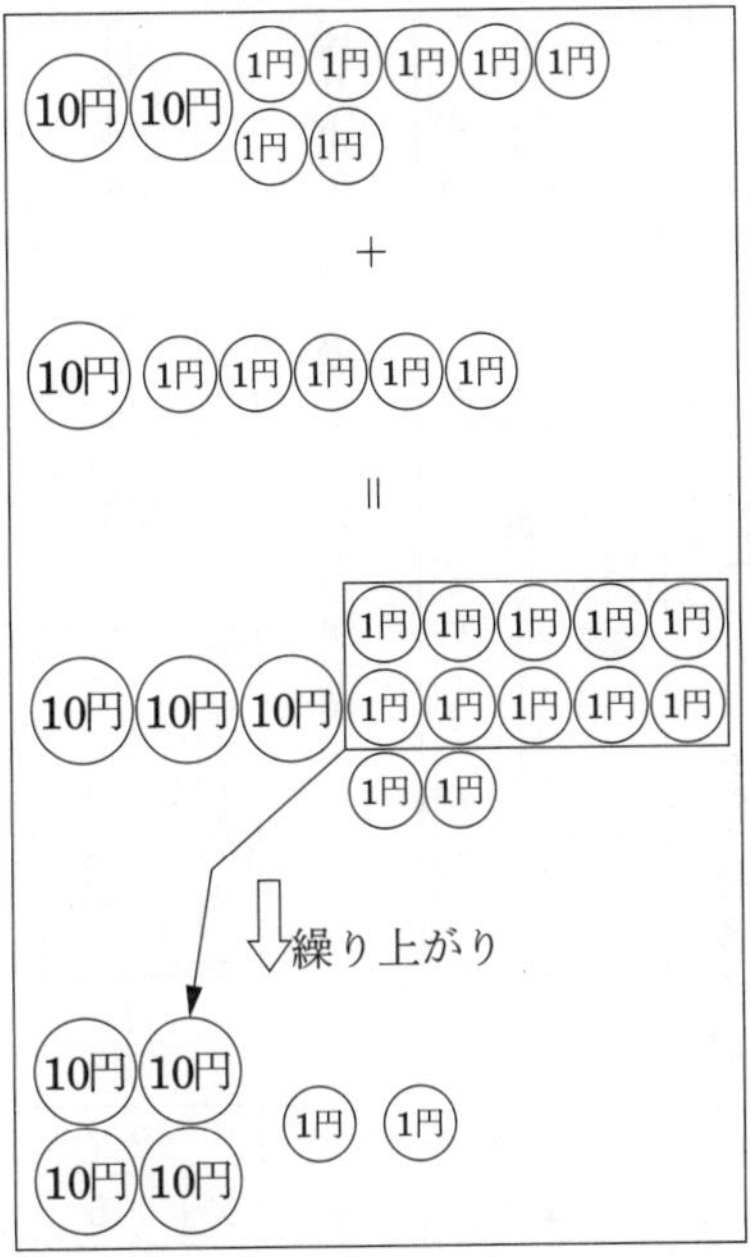

〔6−1〕

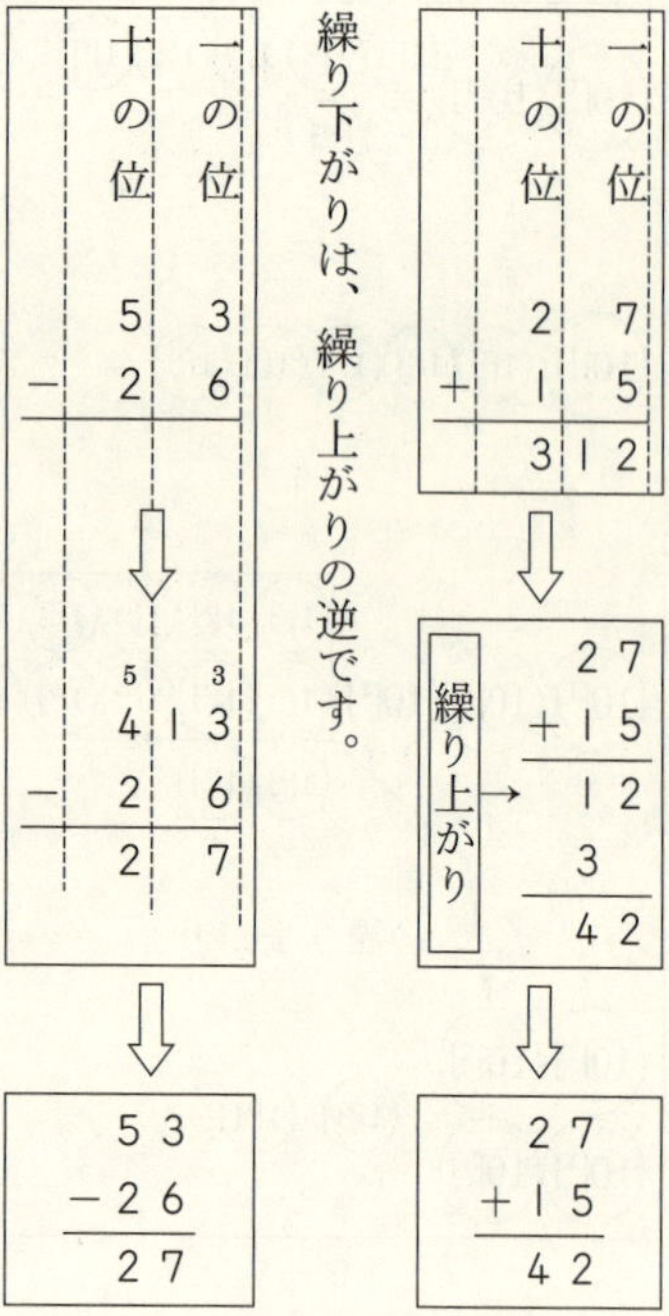

〔6−2〕

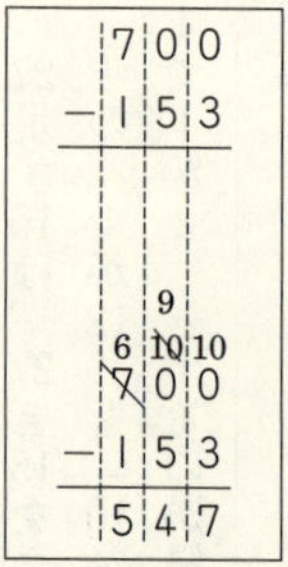
〔6−3〕

繰り下がりは繰り上がりの逆です。「53引く26」の53は「10が5で1が3」ですが、これを「10が4で1が13」と分け直し、40と13にして、十の位で40から20を引き、一の位で13から6を引いて27と答を出します（〔6−2〕）。

繰り上がり、繰り下がりの指導の前に、10を作るという指導が大事です。十進数は人間の指が10本あるところから出来たものと思われます。10を指導するまでは、指を使うのも構わないと思いますが、繰り上がりが分からないで40ぐらいの数を扱うと、子どもはだんだん分からなくなります。これが分からないままだと、いくら計算量を増やしても理解したことにはなりません（〔6－3〕）。

コラム・繰り下がりを避けて計算を簡単に

3年生の上巻の教科書に、「700－153」のような計算があります。この解説には、百の位、十の位、一の位に分けて3段のマスの絵が描かれ、1段目の百の位のマスの中には百のブロックが7枚描かれています。2段目のマスには、百の位の7枚のブロックのうちの1枚だけが点線で描かれていて「百の位から1くり下げる」と書かれ、十の位のマスに十のブロックが10本描かれています。

さらに、「十の位から1くり下げる」と書いてあり、十の位から一の位に繰り下げる絵が描かれています（〔6－4〕）。

教科書では、きちんと繰り下がりの引き算を教えなければなりませんが、「700－153」の計算なら、「700より1小さい699から、153より1小さい152を引いても答は同じですよ」というのはどうでしょうか。このほうが繰り下がりが苦手な子どもには分かりやすくないでしょうか。このやり方は、**「引かれる数と引く数から、同じ数を引いて**

も差（引き算の答）は変わらない」という引き算の性質を使っています。1000－386なら、999－385とするのです（〔6－5〕）。

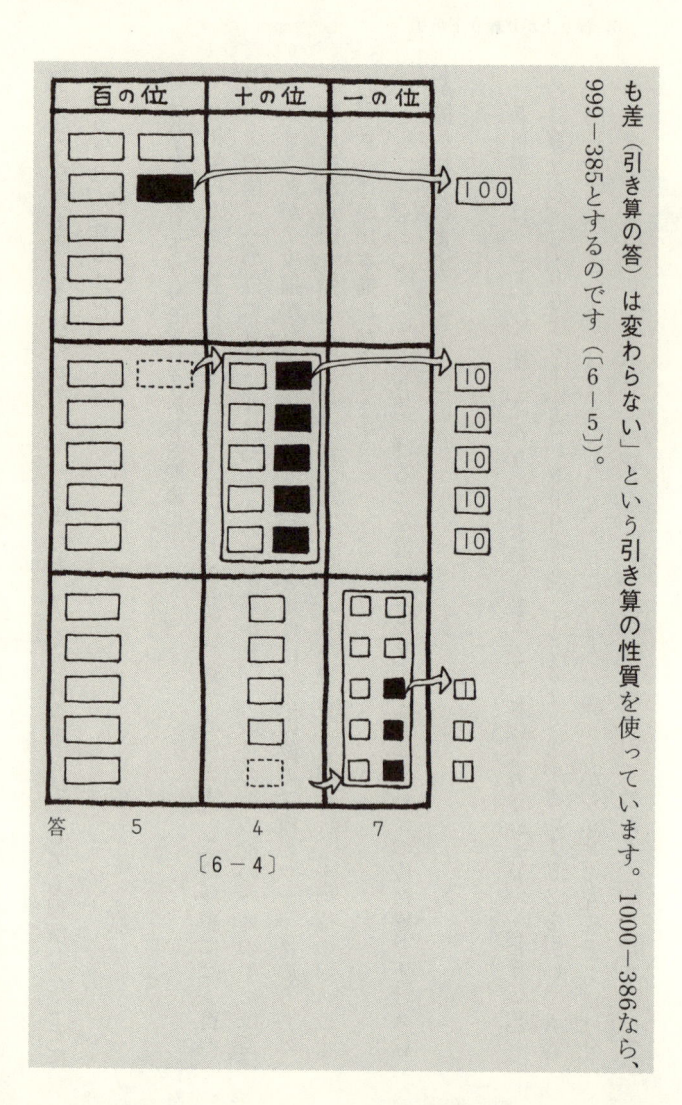

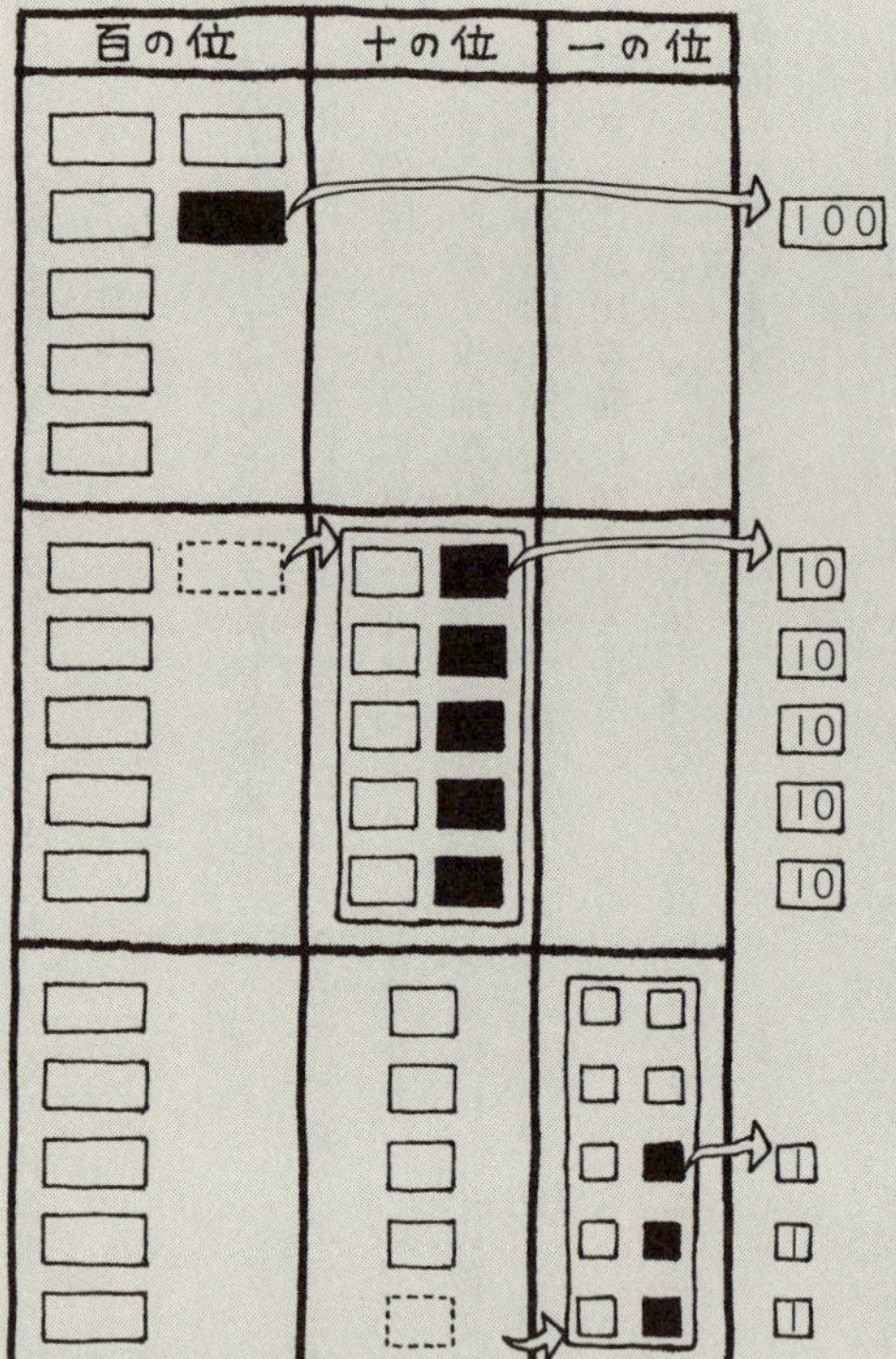

〔6－4〕

 700
－153
 547
⇩
 699
－152
 547

1000
－386
 614
⇩
 999
－385
 614

〔6－5〕

7 計算を楽しく——整数の足し算・引き算

足し算や引き算を正確にするための簡単な練習法を教えましょう。私の考えたやり方ですが、「百マス計算」より子どもが喜んでやり、効果の上がる方法だと思います。

はじめに、縦に16のマス目を書いておきます。15本の横線だけでもいいです。ノートの罫《けい》線《せん》を使っても構いません（〔7－1〕）。

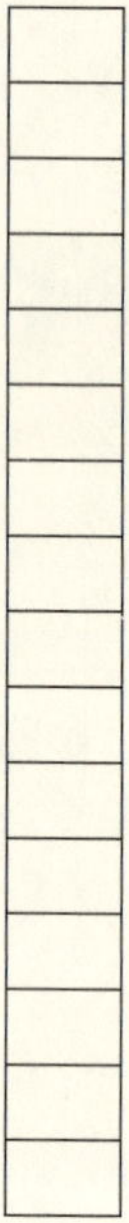

〔7－1〕

子どもに2つの数を決めてもらいます。

一番上と二番目のマスに自分で好きな数を1つずつ書きます。そして、その2つの数の和の一の位の数だけ、三番目のマスに書きます。次には、二番目のマス目の数と三番目のマス目の数の和の一の位の数だけ四番目のマスに書きます。そのようにして一番下のマス目まで計算して、一番下の数を答えるのです。例えば、はじめの2つの数を、2と3として計算してもらいます。

あなたは計算せずに、子どもの計算した一番下の数が合っているか間違っているかの判定がすぐにできるのです。その答は「4」です（〔7－2〕）。

②
③
5
8
3
1
4
5
9
4
3
7
0
7
7
[4]

〔7－2〕

もう一度やりたければ、ノートの今書いた数の横に新しく数を2つ書いて始めればよいのです。今度は2つの数を7と9と決めたとします。するとあなたは、一番下の数は「9でしょう」と言い当てることもできます。

どうすれば一番下の数が当たるのか、なぜそれでよいのかを説明します（〔7－3〕）。

A
B
A＋B
A＋2B
2A＋3B
3A＋5B
5A＋8B
8A＋3B
3A＋B
A＋4B
4A＋5B
5A＋9B
9A＋4B
4A＋3B
3A＋7B
[7A]

〔7－3〕

はじめの2数を「A」と「B」とします。それを順に足していって、繰り上がったら十の位の数は無視して一の位の数だけ書きます。例えば「5A＋8B」と「8A＋3B」を足すと「13A＋11B」となりますが、十の位は無視して「3A＋B」とするのです。すると、〔7－3〕のように16番目はAの7倍になりますから、はじめの数（A）の7倍の一の位の数を言えば当たるのです。

引き算の練習も同じようにしました。引き算では、上の数のほうが小さいときには10を足した数と考えます。つまり繰り下がりと同じことです。はじめの2つの数を8と5とすると次のようになり、一番下の−7というのはつまり、10引く7で3、その3にはじめの8を掛けて24、一の位の数は「4」になります（〔7－4〕）。

⑧	A
⑤	B
3	A−B
2	−A+2B
1	2A−3B
1	−3A+5B
0	5A−8B
1	−8A+3B
9	3A−B
2	−A+4B
7	4A−5B
5	−5A+9B
2	9A−4B
3	−4A+3B
9	3A−7B
4	−7A

〔7－4〕

たしざんのあそび――子どもの作文から

二年　D・K

今日は、先生にいわれた数のあそび（注・直前の2つの数字を合計していく遊び）を紙にかいているうちに、数がなんかいもくりかえし出ることが一番はじめにわかり、なぜくりかえすのか、考えてみました。

10より上の数もかくと、このようになりました（〔7－5〕）

（れい）５と５から

5
5
10
15
25
40
65
105
170
275
445
720
1165
1885
3050
4935
7985
12920
20905
33825
54730
88555
143285
231840
375125
606965
982090
1589055
2571145
4160200

〔7－5〕

このようにふえるだけなので、一の位だけを見ると、５５０５５０のくりかえしになりました。

５と５のさは０で、５と10のさは５で、10と15のさは５で、このようにつづけていくと、さは、10、15、25、40、65、１０５、１７０、２７５、４４５、７２０、かいているうちに、それぞれの数のさは、その前にかいてある数字で、たとえば25と40のさは25の１つ前の15です。そのように、一の位だけを見ると、前にかいてある数字になるから、５５０５５０がつづくのだとわかりました。

筆算——子どもの作文から　　三年　T・I

今日学校で、引いてからたすという筆算をやりました。たとえば下のような計算などで

366
437
+458
1261
326
−292
+362
396

〔7－6〕

す（〔7－6下〕）。

次に、上のような問題が出ました（〔7－6上〕）。この問題では一の位の数を全部7にするのです。そうすると7が3個で、「7×3＝21」と、かけ算でできます。

いくつもの数をたす筆算では、それぞれの位で10のかたまりを作って、かんたんに出来るやり方もあります。下のやり方がそうです（〔7－7〕）。こういうやり方をすれば、左のような筆算（〔7－8〕）は、べつにむずかしくありません。これも10のかたまりを作ってやれば、かんたんな問題です。

引き算では、見直しする時にたし算でたしかめればかんたんだと思います。

筆算でやれば、かけ算もたし算も引き算もわり算も、早く出来るなと思いました。

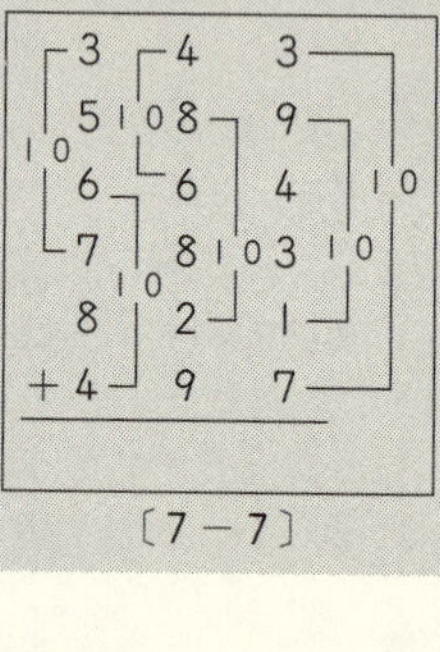

〔7－7〕

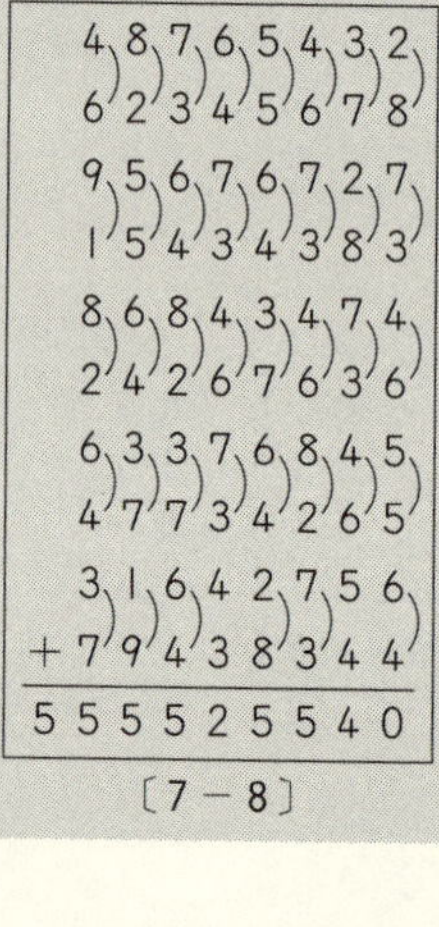

〔7－8〕

8　水遊び——測定の基本

娘が低学年生のころ、一緒にお風呂に入ったときや、夏、庭にビニールプールを出して水浴びさせたときには、よく水遊びをしました。わが家にはプラスチックでできた、1リットルマス、5デシリットルマス、1デシリットルマスがありました。ビンや、子ども用のバケツなど、いろいろな入れ物で、「どの入れ物に水がたくさん入るでしょう」などと言って遊んだものでした。

はじめは2つのビンで、「どちらのビンのほうが水をたくさん入れることができるでしょう」とビンの容積でビンの大きさを言うのだということを暗に匂《にお》わせながら尋ねました。娘は、片方のビンに水をいっぱいに入れて、それをもう一方の空のビンに移しました。全部入ってまだ入るようなら、先ほど空だったビンのほうが大きいし、溢《あふ》れるようなら先ほど水の入っていたほうが大きいというわけです。この比べ方は**直接比較**と言い、測定の第一段階ですが、子どもは直感的に分かります。

次に、2つのビンの両方を水で満杯にして、片方ずつ〔8－1〕の（ア）の入れ物に全部移させて、

「どちらのビンのほうに水がたくさん入っていたか分かるかな」

と尋ねてみました。

娘は、

「こっちのビンはここまで、こっちのビンはここまで」

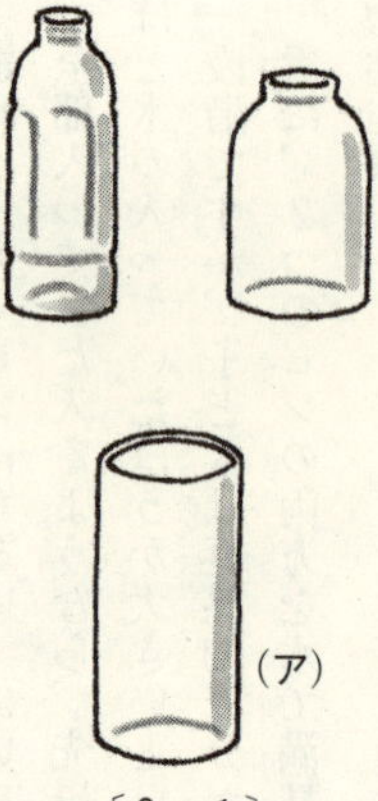

〔8－1〕

と指でさしながら、

「だからこっちのビンのほうがたくさん入る」

と答えました。この比べ方を間接比較と言います。

今度は2つのビンより小さなコップを渡して、「それぞれのビンが小さいコップ何杯でいっぱいになるか比べてごらんなさい」と言いました。

娘は、小さなコップで、それぞれのビンに水を入れ、

「こっちは5杯とちょっとでいっぱい。こっちは5杯とさっきのより多く入ったから、こっちのほうが大きい」と言いました。

この比べ方を任意単位による比較と言います。

次に、

「ここに目盛りのある入れ物があるでしょう。これは1リットルマスと言うのだよ。これに入れて比べてごらん」

と言いました。

娘は、

「こっちのビンは、この目盛りまで、こっちのビンはここまで」

と言いながら、ほかの入れ物も持ってきて、水を入れたり出したりして遊んでいました。1リットルや1デシリットルのいくつ分という比べ方を**普遍単位による比較**と言います。基準になる単位のいくつ分と表せば、いろいろな量の大きさを言い表したり比べたりすることができます。

「この小さいのは1デシリットルマス、中ぐらいのは5デシリットルマス、一番大きいのは1リットルマスと言うのだよ」と言って渡し、自由に遊んでもらいました。するといつの間にか、「1リットルのマスは、1デシリットルのマスでは10杯でいっぱいになるんだ」とか、「5デシリットルは1リットルの半分よ」などと、教えなくても言うようになりました。


タンクローリーの後ろには「キロリットル」の単位があります。ガソリンスタンドなどでは「リットル」の単位が表示されています。冷蔵庫の中の牛乳パックやジュースなどの容器

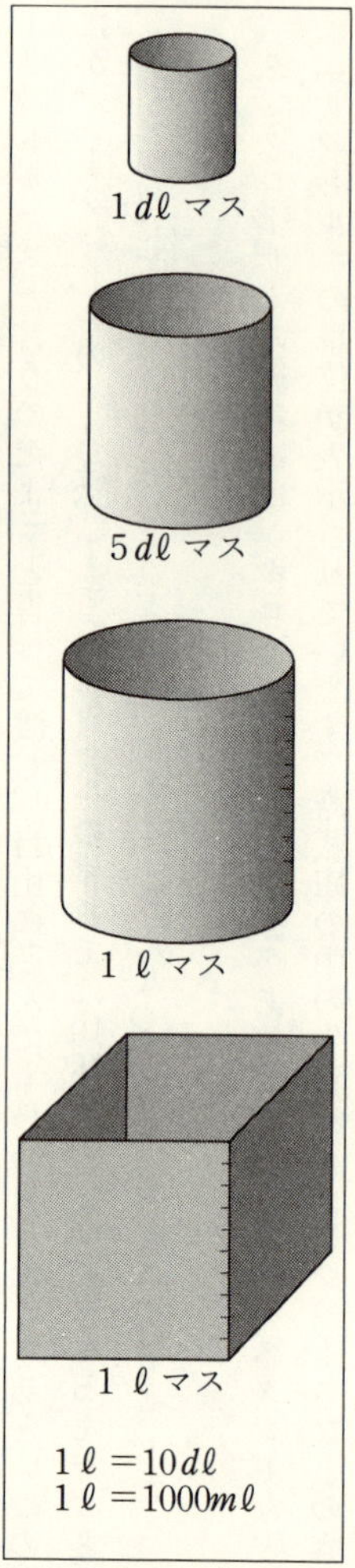

〔8－2〕

には「ミリリットル」などという単位で量を表示していますが、「デシリットル」の単位が日常生活の中で見当たりません。日常生活の中にデシリットル表示のものがあってほしいと思っています。

同じような水遊びを学校でもしました。2年生のときでした。全員にいろいろな大きさの入れ物を持ってきてもらい、3、4人のグループを作り、そのグループごとに1リットルマス1個と1デシリットルマスを2個ずつ渡しました。

「グループごとに、みんなの入れ物の大きさを調べます。調べる方法と注意を言いますから、よく聞いて、間違えないようにしてください」と言って、以下のことを、子どもの分かる言葉で話しました。

◇調べる方法
①1人の入れ物に水をいっぱい入れる。ほかの人の入れ物は空にしておく。
②その水をほかの人の入れ物に入れて、どちらが大きいか調べる。
③全員の入れ物で仲良く調べる。
④全員の入れ物にいっぱい水を入れて、それを一番大きいマス（リットルマス）に入れ替えて、どの入れ物の水がどこまでになるかを、順番に調べる。
⑤それぞれの入れ物は、一番小さいマス（デシリットルマス）何杯でいっぱいになるかを調べる。
⑥調べたことをノートに書く。

廊下に水をこぼしたり、洋服を濡《ぬ》らしたりした子どももいましたが、子どもたちは喜んでやっていました。廊下や教室の床を雑巾《ぞうきん》で拭いたり、濡れたスモック（上衣）を乾かしたりと、後始末が大変でした。

翌日、教室で、「ℓ」「dℓ」の読み方と書き方を練習し、1ℓは何dℓかを話し合いました。

また、「おうちで牛乳パックやジュースのパックの入れ物に大きさが書いてあるから、お母様に見せていただきなさい」という宿題を出しました。そのあとでmℓの勉強をしました。

9　掛け算について

「左の絵にはリンゴがいくつありますか?」と問えば、8個という答はすぐに返ってくると思われます。しかし、このリンゴの数え方にはいろいろあるでしょう。「1、2、3、4……」と1つずつ順に8まで数える人もいれば、「2、4、6、8」と、2個ずつ数える数え方をする人もいることでしょう。

〔9－1〕

この「2個ずつ4つある」という考えが、掛け算の素地と言えます。

私たちの身の周りには、同じ数ずつあるものがたくさんあります。6個パックに入った卵、12本ずつ箱に入った鉛筆など、すこし探せば同じ数ずつまとまっているものがすぐに発見できるでしょう。その総和を求めるときに、「何個のいくつ分」ととらえることから、掛け算の思考が始まります。掛け算を教えるときは、「2＋2＋2＋2」というように、同数累加（同じ数ずつ足すこと）から始まり、「2個ずつ4つある」「2個ずつの4個分」という考えを理解した上で、「（1つ分の大きさ）×（いくつ分）＝（全体の大きさ）」という掛け算（乗法）の意味を表した「言葉の式」として一般化した式で考えるようになります。この式はやがて、「(基準量)×(割合)=(割合に当たる量)」へと発展し、中学校では、多項式の項である単項式の意味になります。例えば$y=ax^2+bx+c$という二次方程式も多項式ですが、この多項式の項である$a\times x\times x$を表すax^2や$b\times x$を表すbxや単独の文字や数字のcはすべて単項式となります。

また、「倍」という関係を表す言葉も、日常的に使われています。「倍」とは「ある量を基準とする大きさで測ったとき、基準とする大きさのどれくらいに当たるか」を表しています。図のリンゴ8個は、2個ひとまとまりのリンゴの4倍です。つまり、「倍」は、基準とする大きさを1としたとき、ある量が基準のいくつ分に当たるかという、割合の1つの表現と見ることができます。

大発見——子どもの作文から　四年　M・T

今日、カレンダーをじっと見ていると、とても面白い事に気づきました。

それは次の図のように、たて・横、3つずつの数字をかこんでみます。まん中の15を中心にして、たて・横・ななめの3つの数字を足すと、どれも45になっていて、15の3倍となります。私は、他のもそういうふうになるのかなぁと思いました。

次のような図で、中心を11とします。そして、たて・横・ななめの3つを足すと11の3

倍の、33になります。

もう1つやってみたいと思います。今度は9を中心にしてみました。そしてまた、たて・横・ななめの3つを足すと、9の3倍になって27になりました。

私はまた気付きました。それは、中心の数を3倍にした数が、ななめに足した数や、たてに足した数や、横に足した数になります。

もう一度たしかめてみました。今度は22を中心にしてみました。そして足してみると、なんと66になりました。私は、やったー、大発見だぁーと思いました。

とってもわくわくしながら日記を書いています。とても面白かったです。

〔9－2〕

10　掛け算九九の覚え方

計算は、すらすらできることが大事です。そのためには、1桁同士の足し算や掛け算が澱《よど》みなくすらすらできる必要があります。

1桁同士の足し算を**加法九九**、一桁同士の掛け算を**乗法九九**、単に「九九」と言っています。1桁同士の足し算の練習は「7　計算を楽しく」で説明しました。ここでは、掛け算九九（乗法九九）を楽しく覚える方法を説明しましょう。

掛け算九九の式と答を別々にカードに書きます。カルタのように式を言って答を取り合ったり、トランプのばば抜きのように式と答が合ったら出したり、式のカードの数の大きさ比べをしたりと、いろいろな遊びをしながら九九を覚えることができます。また、九九全体を何秒で言えるかなどと競い合って覚えさせている先生もいます。

ここでは掛け算九九のサイコロを紹介します。今から10年ほど前に、私立初等学校協会の算数部会で、当時学習院初等科の教諭であった盛山隆雄《せいやまたかお》先生が、イギリスの雑誌に載っていたという、正四面体を使った九九の覚え方を発表しました。私はそれにとても興味を持ち、その仕組みを考えました。そして、盛山先生が発表した組み合わせではない組み合わせで、正四面体を作りました。それが〔10－1〕の正四面体の展開図です。

これを画用紙に印刷して、（2年生が正四面体を作ることはできないので）保護者に協力をお願いして作ってもらい、遊びながら九九を覚えさせました。子どもたちは喜んで遊びました。

この9つの正四面体には、どの正四面体にも九九の各段の答が書かれています。

（A）には、一の段の1、二の段の12、三の段の12、四の段の12、五の段の35、六の段の12、七の段の35、八の段の72、九の段の72が書かれています。

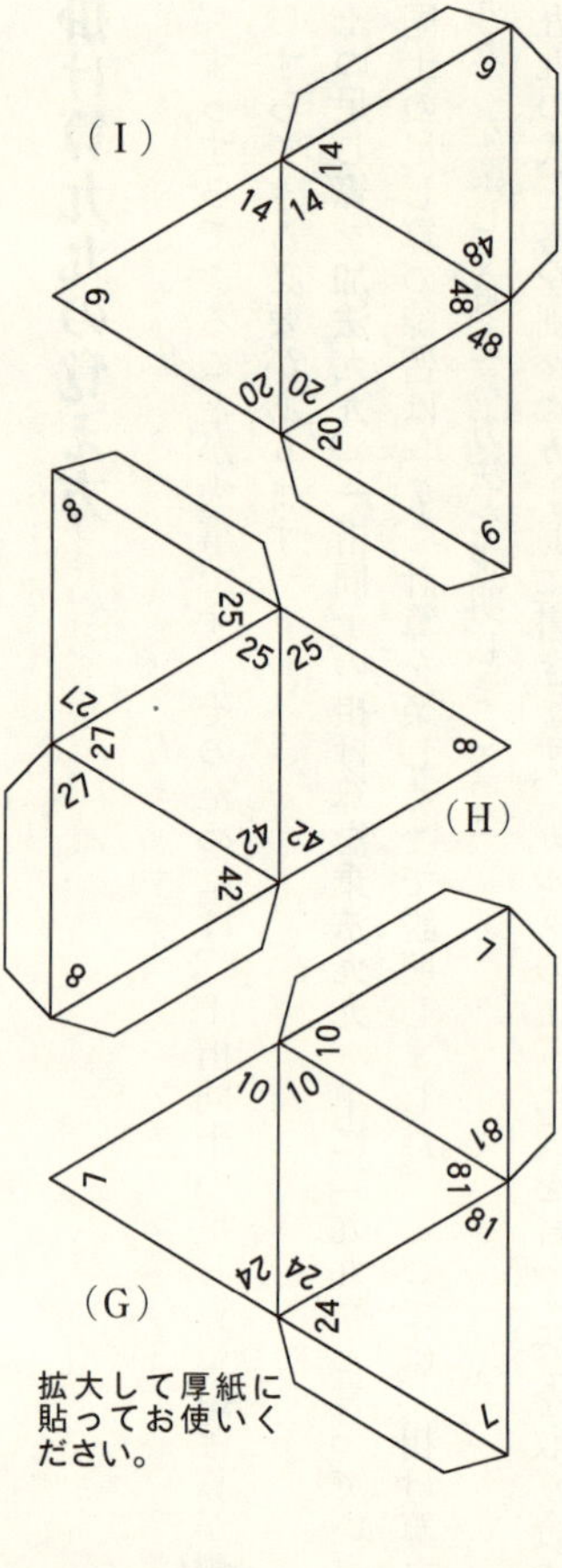

拡大して厚紙に貼ってお使いください。

中山式正四面体

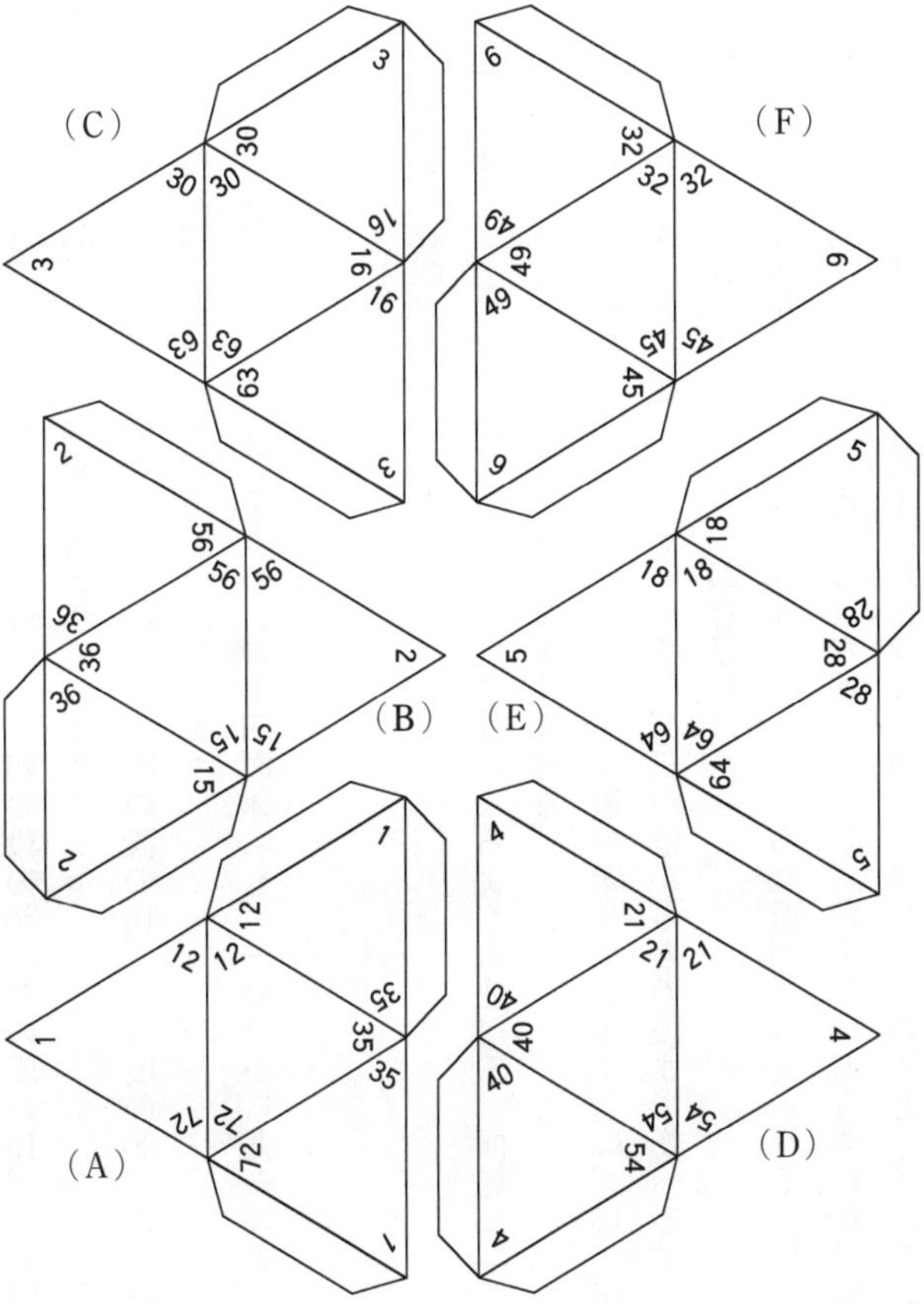
(C)
3 30 30 30 3 16 16 16 63 63 63 3
(F)
9 32 32 32 49 49 49 9 45 45 45 9
(B)
2 56 56 56 36 36 36 2 15 15 15 2
(E)
5 18 18 18 28 28 28 5 64 64 64 5
(A)
1 12 12 12 35 35 35 1 72 72 72 1
(D)
4 21 21 21 40 40 40 4 54 54 54 4

〔10－1〕

(B)には、一の段の2、二の段の2、三の段の15、四の段の36、五の段の15、六の段の36、七の段の56、八の段の56、九の段の36が書かれています。

(C)には、一の段の3、二の段の16、三の段の3、四の段の16、五の段の30、六の段の30、七の段の63、八の段の16、九の段の63が書かれています。

このように、(D)(E)(F)(G)(H)(I)のどの正四面体にも、一の段から九の段までの数が書かれています。

それでは正四面体の遊び方を紹介しましょう。

①9つの正四面体で、上の数字が二の段の九九の答になるように並べる。同様に、三の段、四の段、五の段というように、九の段まで速く並べる。

②9つの正四面体で、上の数字が二の段の九九の答の逆の順番になるように、18、16、14、12、10、8、6、4、2と速く並べる。同様に、三の段から九の段まで並べる。

③九九の式、例えば「6×4」と言って24を見付けさせる。

④その他、この正四面体を利用したビンゴなど、いろいろな遊びが考えられます。

友達と二人で競争したり、自分で不得意な段を並べたりして遊んでいるうちに掛け算九九を覚えようというものです。友達と競争したときに、負けてばかりいる子どもがいないように配慮して、みんなが楽しくできるようにすると、子どもが楽しんで九九を覚えます。九九を逆に並ばせたり、順序に関係なく答えられるようにすると、割り算の計算のときにも有効です。

11　掛け算のコツ

掛け算は、基本単位のいくつ分かを求める計算です。ですから、足し算のように位を揃えて計算する必要はありません（〔11－1〕）。

足し算・引き算・掛け算・割り算をまとめて**四則演算**と言います。四則演算のことを「和・差・積・商」とも言いますが、「掛け算の演算」や「掛け算の答（演算の値）」を「積」と言っています。この「積」という言葉は、「ひとところへ集めて重ねる」という意味から、土地の広さ、坪数、大きさ、かさも表し、「面積・体積・容積」などとして使われて

例えば、7500×32なら、筆算ではまず、75×32の計算をして2400を求めます。被乗数が75の100倍ですから、積も100倍して、240000とします。

```
     75|00
   ×32 |
  -----+---
    150|
   225 |
  -----+---
   2400|00
```

割り算も同様に、
1118÷2600なら、被除数も除数も100分の1にして、11.18÷26で、

```
 2600)1118
     ↓
 26.00)11.18
```

と計算します。

この計算の根拠は、
「被除数と除数に同じ数を掛けても、0でない同じ数で割っても商は変わらない」ということです。

〔11－1〕

います。

面積は、単位面積のいくつ分として広さを求めます。体積、容積も、単位体積、単位容積のいくつ分として表しています。もっとも容積の場合は、容器の中に入る体積と同じ量として、体積で考えることが多いです。

長方形の面積は「縦の長さ×横の長さ」で表せることから、掛け算の計算方法を〔11−

37×58の計算は、縦37、横58の面積を求める計算でもあります。
ですから、縦37、横58の面積は、下の図のようにア、イ、ウ、エの部分の和としても、求めることが出来ます。

37×58
＝30×50＋30×8
（アの部分）（イの部分）
＋7×50＋7×8
（ウの部分）（エの部分）
＝1500＋240
＋350＋56
＝2146

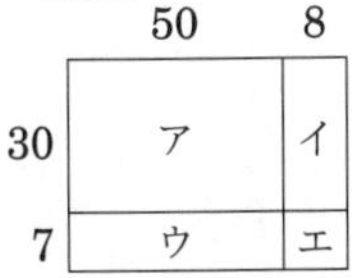


```
   3 7
 × 5 8
 -----
   5 6   ←エの部分
 2 4 0   ←イの部分
 3 5 0   ←ウの部分
1 5 0 0  ←アの部分
-------
2 1 4 6
   ⇩
   3 7
 × 5 8
 -----
 2 9 6   ←イ＋エの部分
1 8 5    ←ア＋ウの部分
-------
2 1 4 6
```

〔11－2〕

2」のように面積で説明することがあります。

このやり方を使うと、掛け算の計算が速くできる場合があります。

「67×63の計算の答は？」と尋ねられてすぐに答が分かるでしょうか。答（積）は、4221です。なぜ、すぐに分かるのでしょうか。もう1つ別の計算をやってみます。48×42の積は2016です。

この2つの掛け算の共通点は何でしょうか。それは、十の位の数が同じで、一の位の和が10ということです。このとき、十の位の数と、十の位の数より1大きい数を掛けて百の位に書き、一の位同士の積を一の位に書きます。67×63なら、十の位の数の6と、十の位の数より1大きい7とを掛けて42とします。その後に一の位同士の7と3を掛けた答の21を付け加えて、4221という答を出します。48×42なら、4掛ける5で20とし、その後に8掛ける2の答の16を加えて、2016という答を出します。なぜそのような計算でよいのでしょうか。

掛け算の式を長方形の面積の計算として考えてみます（［11－3］）。67×63は、縦（60＋7）と横（60＋3）の積と同じです。▨の部分を░の長方形の右に移動させると、□と░と▨の面積は60×70になり、その部分の面積が4200になります。それに■の7掛ける3の21を合わせれば4221となります。

では、56×54はいくつになるでしょうか。

5掛ける6で30、その後に6掛ける4で24を付けて3024が56×54の積になります。

この計算法を踏まえれば、十の位の数が同じでなくてもできます。

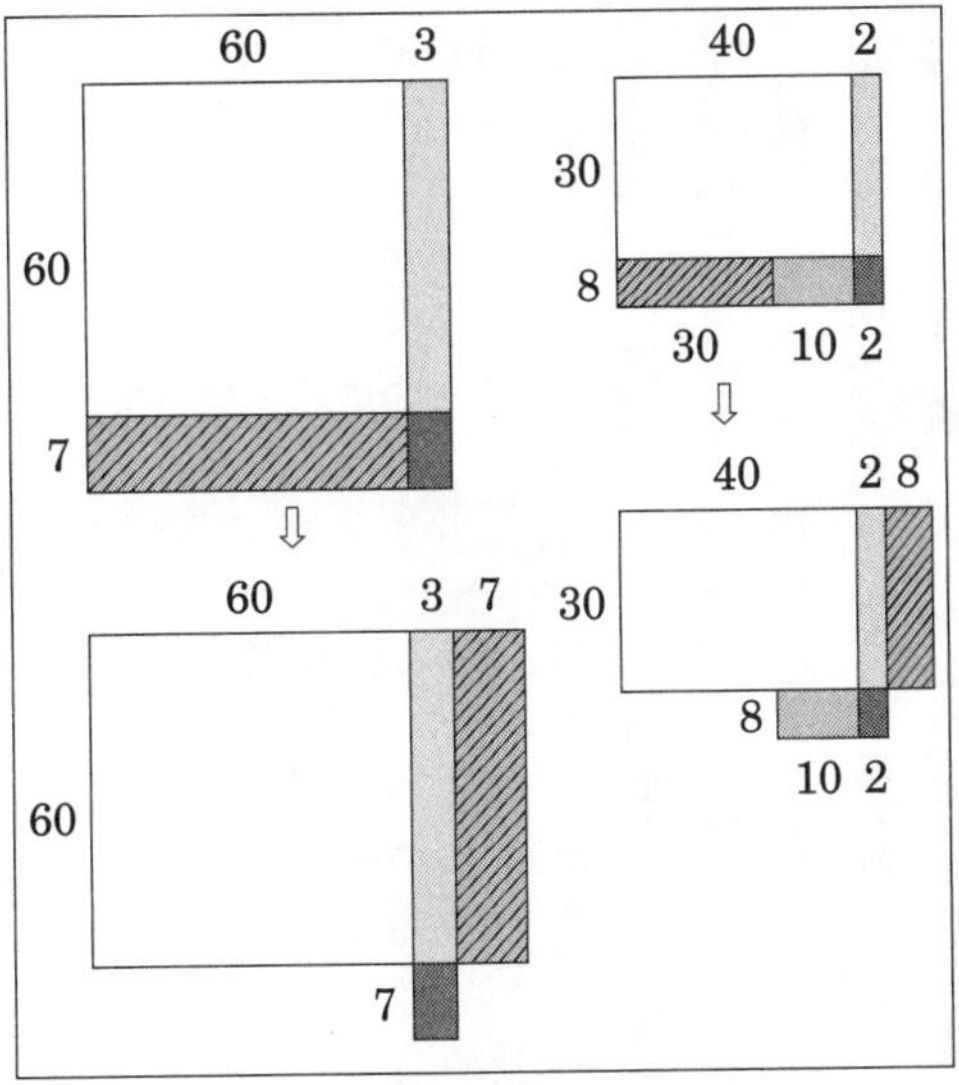

〔11－3〕

例えば、38×42だったら、3×(4+1)＝15と8×2＝16で、1516とし、それに(40－30)×8＝80を足して1596がその答です。

46×74なら、はじめに4×(7+1)＝32を百の位に書いて3200とし、6×4＝24を合わせて3224とし、それに(70－40)×6＝180を足した3404が46×74の積になります。すなわち、十の位同士の差と、大きさが小さいほうの数の一の位の積を足せばよいのです。

次に説明することは、2桁の掛け算が苦手だという人と、得意な人にだけ

84×67の計算

```
   8 4
 × 6 7
 4 8 2 8   ←（ア）
   5 6     ←（イ）
   2 4     ←（ウ）
 5 6 2 8
```

93×76の計算

```
   9 3
 × 7 6
 6 3 1 8   ←（ア）
   2 1     ←（イ）
   5 4     ←（ウ）
 7 0 6 8
```

38×59の計算

```
   3 8
 × 5 9
 1 5 7 2   ←（ア）
   4 0     ←（イ）
   2 7     ←（ウ）
 2 2 4 2
```

〔11－4〕

でよいのですが、〔11－4〕のような計算はどうでしょうか。（ア）の部分には十の位同士（8×6）、一の位同士（4×7）の積を並べて書き、（イ）と（ウ）には、十の位と一の位の数を斜めに掛けた積を百の位と十の位に縦に揃えて書きます。（イ）と（ウ）はどちらが上でも構いません。その和を求めるとそれが二桁同士の掛け算の答になります。

掛け算が苦手な人には、掛け算における繰り上がりがないだけ楽になるし、得意な人には、なぜそのような計算でよいかを考えさせると、計算の仕組みの理解がより深まってよいのではないかと思います。

七福神、七五三、七曜表、親の七光、七変化《しちへんげ》、七色の虹《にじ》、七草粥《ななくさがゆ》、七重《ななえ》八重《やえ》などに使われている、7という数も、いろいろ面白い数です。

7で割った商

1÷7は、0.14285714285714……という、数字が同じ順で繰り返されている循環小数になります。この値を2倍すると、0.2857142857142 8……となります。すなわち、1÷7と2÷7の値の数の並び方が同じなのです。

同じように、3÷7も0.42857142857142……と数の並び方が同じになり、142857という数字が繰り返す循環小数です（〔11－5〕）。これは7という数の特別な性質です。循環するまでは同じ数が出てきません。

0÷7＝0
1÷7＝0.142857…
2÷7＝0.285714…
3÷7＝0.428571…
4÷7＝0.571428…
5÷7＝0.714285…
6÷7＝0.857142…
7÷7＝1
8÷7＝1.142857…
9÷7＝1.285714…
10÷7＝1.428571…
11÷7＝1.571428…

〔11－5〕

私は1÷7の値を「石には粉」と覚えています。数の並びの「1, 4, 2, 8, 5, 7」を覚えているのです。1÷7は「0.」の後に1から、「い、し、に、は、こ、な」、2÷7は「0.」の後に2から、「に、は、こ、な、い、し」、3÷7は「0.」の後に4から、「し、に、は、こ、な、い」、4÷7は「0.」の後に5から、「こ、な、い、し、に、は」と言いながら数を書いていきます。

ある数を7で割ったときの答を求めるときは、まず普通に整数の割り算をして余りを出します。余りは1から6の間なので、い（1）、し（4）、に（2）、は（8）、こ（5）、な（7）を小さい順に1（い）、2（に）、4（し）、5（こ）、7（な）、8（は）として、余りが1ならば「1（い）」から、7で割った余りが2ならば「2（に）」から、7で割った余りが3ならば2の次に小さい「4（し）」から、7で割った余りが4ならば4の次に小さい「5（こ）」から、唱えはじめるようにして小数点以下の循環小数の部分を綴っています。大したことではありませんが、$n \div 7$（nは自然数）の商はすぐに書くようにしています。

7,	14,	21,	28,	35,
42,	49,	56,	63,	70,
77,	84,	91,	98,	105,
112,	119,	126,	133,	140,
147,	154,	161,	168,	175,
182,	189,	196,	203,	210

〔11－6〕

7の倍数の見分け方

2の倍数、3の倍数、5の倍数の見分け方は多くの人が知っていますが、7の倍数の見分け方はあまり知られていません。

7の倍数かどうかは7で割って割り切れるかどうか確かめればよいので、知らなくても大して不自由することではありません。

でも知っていて困ることではありません。次の方法はいかがでしょうか。〔11－6〕のように7×1から7×30までの7の倍数を、並べて書いてみました。下線を引いた数は21の倍数です。これらの数の一の位と十以上の位の数を比べてみてください。21は1と2です。42は2と4です。63は3と6です。同じように4と8、5と10、6と12、7と14、8と16、9と18、10と20というように十の位の数は一の位の数の2倍になっています。

7の倍数を〔11－7〕のように並べると、7列に並べられます。7列の7の倍数から、7列の7の倍数を引いても、やはり7の倍数の7列です。これを利用します。

例えば、8792が7の倍数か調べます。ここから7の倍数を引いていきます。たとえば77777などを引いてもよいのですが残った数が1015になり、調べやすくなったとはいえません。そこで7の倍数を引いて桁の小さいほうから0にしていく方法を考えます。ここで21の倍数の性質を使います。21の倍数は頭の中ですぐに作ることができます。まず一の位が2ですから、8792から21の倍数の42を引きます。

すると8750となります。一の位の0を除いた875の一番下の位の数が5ですから21の倍数の105を引きます。すると770ですから、これは7の倍数だと分かります。もう1つ、5707は7の倍数か調べます。一の位が7ですから147を引きます。同

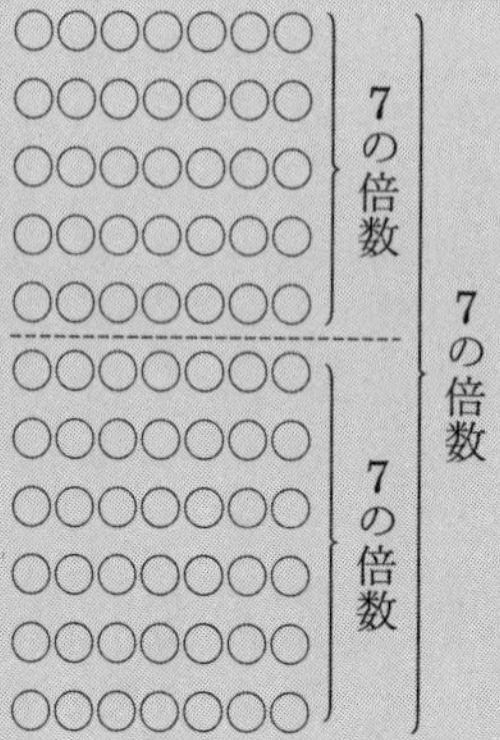

　8792
－　42←7の倍数
　875
－105←7の倍数
　77←7の倍数
（ですから、8792は
7の倍数です）

　5707
－　147←7の倍数
　556
－126←7の倍数
　43←7の倍数ではありません
（ですから、5707は
7の倍数ではありません）

〔11－7〕

じようにして順に引くと5707は7の倍数ではないことが分かります。

1の倍数の見分け方

全ての整数は1の倍数です。

2の倍数の見分け方

一の位が2、4、6、8、0であれば、その数は2の倍数です。

3の倍数の見分け方
全ての位の数字の和が3の倍数ならば、その数は3の倍数です。
4の倍数の見分け方
下2桁が4の倍数なら、その数は4の倍数です。
5の倍数の見分け方
一の位が5か0であれば、その数は5の倍数です。
6の倍数の見分け方
2の倍数であり、3の倍数ならば、6の倍数です。
8の倍数の見分け方
下3桁が8の倍数ならば、その数は8の倍数です。
9の倍数の見分け方
全ての位の数字の和が9の倍数ならば、9の倍数です。
10の倍数の見分け方
一の位が0ならば、その数は10の倍数です。
いくつかの理由を〔11－8〕に書きます。

〔9の倍数の見分け方〕

3桁の数字の百の位をA、十の位をB、一の位をCとします。その数は、$100\times A+10\times B+C$ です。

$$
\begin{aligned}
100\times A+10\times B+C &= (99+1)A+(9+1)B+C \\
&= 99A+A+9B+B+C \\
&= 99A+9B+A+B+C \\
&= 9(11A+B)+A+B+C
\end{aligned}
$$

$9(11A+B)$ は9の倍数ですから、$A+B+C$ が9の倍数なら $100A+10B+C$ は9の倍数になります。

〔3の倍数の見分け方〕

$$
\begin{aligned}
100A+10B+C &= (99+1)A+(9+1)B+C \\
&= 99A+A+9B+B+C \\
&= 99A+9B+A+B+C \\
&= 3(33A+3B)+A+B+C
\end{aligned}
$$

$3(33A+3B)$ は3の倍数ですから、$A+B+C$ が3の倍数なら $100A+10B+C$ は3の倍数になります。

〔5の倍数の見分け方〕

$$100A+10B+C=5(20A+2B)+C$$

$5(20A+2B)$ は5の倍数ですから、Cが5の倍数、すなわちCが5か0なら、$100A+10B+C$ は5の倍数です。

〔8の倍数の見分け方〕

$1000=8\times 125$ で1000は8の倍数です。ですから、千の位以上の位の数は8の倍数といえます。ですから、下3桁の数が8の倍数ならば、その数は、8の倍数です。

〔11－8〕

コラム・還暦と最小公倍数

「あなたは何年《なにどし》ですか？」「あなたは何年《なにどし》生まれ？」

この言葉は最近の若い人の間ではあまり聞かれなくなりました。

干支《えと》は最近ではお正月の年賀状や、神社のおみくじ、占いの本などに見られるぐらいになりましたが、古くは、「年」「日」「時間」「方角」など、さまざまな表示に使われていました。

干支《えと》というのは「十干《じっかん》」と「十二支《じゅうにし》」を合わせた言葉です。もともとは古代中国から起こった一種の数詞です。十干の「干」は「幹」のことで、十二支の「支」は「幹の枝」のことです。

「十干」は、甲《きのえ》、乙《きのと》、丙《ひのえ》、丁《ひのと》、戊《つちのえ》、己《つちのと》、庚《かのえ》、辛《かのと》、壬《みずのえ》、癸《みずのと》で、「十二支」は、子《ね》、丑《うし》、寅《とら》、卯《う》、辰《たつ》、巳《み》、午《うま》、未《ひつじ》、申《さる》、酉《とり》、戌《いぬ》、亥《い》です。この十干と十二支を上から順に組み合わせて、日付や年を表しました。はじめが「甲子」、次が「乙丑」、順に、「丙寅」……となります。

では、十干と十二支が順に組み合わさって、はじめの「甲子」に戻るのは、何年後でしょうか。

干支をずらして考える

十干十二支のはじめの「甲子」を1年目として数えると、10年で十二支のほうが「戌、亥」の2つ余ります（〔11－9〕）。

「癸酉」の次は、十干のほうは最初に戻って「甲戌」という年になります。

また10年たつと、十二支のほうは「申、酉、戌、亥」の4つが余ったことになります。

また10年たつと、十二支のほうは、「午、未、申、酉、戌、亥」の6つが余ったことになります。

1年目	甲	子	11年目	甲	戌
2年目	乙	丑	12年目	乙	亥
3年目	丙	寅	13年目	丙	子
4年目	丁	卯	14年目	丁	丑
5年目	戊	辰	15年目	戊	寅
6年目	己	巳	16年目	己	卯
7年目	庚	午	17年目	庚	辰
8年目	辛	未	18年目	辛	巳
9年目	壬	申	19年目	壬	午
10年目	癸	酉	20年目	癸	未
		戌			申
		亥			酉

〔11－9〕

そのように考えると、最初から40年たつと、十二支のほうは8つ余ったことになります。

最初から50年たつと、十二支のほうが10余り、60年たつと、12余ることになります。

12余るということは、十二支のほうは最後が「亥」で終わったことになり、61年目には最初の「甲子」の年になるということです。ですから、60年が過ぎると暦が戻るということから、数え年の61歳を「還暦」と言っています。

最小公倍数で考える

「ある整数を整数倍してできる数を、はじめの数の**倍数**と言います」。すなわち、3を整数倍してできる数を、「3の倍数」と言います。このことは多くの方がよくご存知だと思います。

「2の倍数と3の倍数に共通な数を、2と3の**公倍数**と言います。公倍数の中で、一番小さい公倍数を、**最小公倍数**と言います」。これは6年生の算数の教科書に載っている公倍数と最小公倍数の定義です。干支の場合なら、10と12の最小公倍数を求めるということです（〔11－10〕）。下線の数が公倍数。□で囲んだ数が最小公倍数です。

次に、「甲子」の年になるのは60年後です。

最小公倍数を求めるには、小学校の教科書とは別の方法で、「連続除法」で求めるやり

10の倍数	12の倍数
10	12
20	24
30	36
40	48
50	60
60	72
70	84
80	96
90	108
100	120
110	132
120	144
130	156
140	168
150	180
160	192
170	204
180	216
190	228

〔11－10〕

方と、「素数の積」で求めるやり方があります。両方とも、原理的には異なるものではありませんが、「連続除法」は単に計算のやり方のように考えている人がいるようですし、「素数の積」のほうは、多少意味を考えていると思う人がいるようです。

連続除法で考える

「連続除法」というのは、2つの数を共に割り切れる数で割っていって、共通因数がなくなるまで割っていきます。そのときの全ての除数と最後の2数を掛けた数が最小公倍数です。これは、2つの数だけでなく、3つ以上の数でも言えます。

〔24と36の最小公倍数〕

2)	24	36
2)	12	18
3)	6	9
	2	3

$$2\times2\times3\times2\times3=72$$

答　24と36の最小公倍数は72です

〔12、16、18の最小公倍数〕

2)	12	16	18
2)	6	8	9
3)	3	4	(9)
	1	(4)	3

(9) や (4) のように割り切れない数は、そのまま下ろします。

$$2\times2\times3\times1\times4\times3=144$$

答　12と16と18の最小公倍数は144です

〔11－11〕

このやり方は小学校の教科書にはありませんが、最小公倍数をこのやり方で求めてみましょう（〔11－11〕）。

では、十干十二支の一回りを、「連続除法」で求めます（〔11－12〕）。

```
2 ) 10  12
     5   6
```

$2 \times 5 \times 6$
$= 60$
答　60年後

〔11－12〕

素数の積で考える

素数も小学校の教材ではありません。素数は「1とその数自身とのほかには約数を持たない正の整数」のことです。1は除きます（1は素数ではありません）。

100以下の素数は、〔11－13〕の通りです。

2
3
5
7
11
13
17
19
23
29
31
37
41
43
47
53
59
61
67
71
73
79
83
89
97

〔11－13〕

この素数の積だけで、2から30までの整数を表してみましょう（〔11－14〕）。

2
3
4＝2×2
5
6＝2×3
7
8＝2×2×2
9＝3×3
10＝2×5
11
12＝2×2×3
13
14＝2×7
15＝3×5
16＝2×2×2×2
17
18＝2×3×3
19
20＝2×2×5
21＝3×7
22＝2×11
23
24＝2×2×2×3
25＝5×5
26＝2×13
27＝3×3×3
28＝2×2×7
29
30＝2×3×5

〔11－14〕

では、十干十二支の一回りを、「素数の積」で求めます（〔11－15〕）。

$10=\boxed{2}\times5$

$12=\boxed{2}\times2\times3$

2が共通ですから、共通な2は1つとします。

2×2×3×5
＝60

<u>答　60年後</u>

これを連続除法でやると、次のようになります。

```
2 ) 10  12
2 )  5   6
    (5)  3
```

2×2×5×3
＝60

「連続除法」と「素数の積」とは原理は同じです。

〔11－15〕

12　外国の割り算

筆算では、足し算、引き算、掛け算の形は同じなのに、なぜ割り算の筆算だけがちがう形なのでしょうか（〔12－1〕）。

〔足し算〕

```
   586
+   48
------
   634
```

〔引き算〕

```
   423
-   85
------
   338
```

〔掛け算〕

```
    47
  ×38
------
   376
 141
------
 1786
```

〔割り算〕

```
       36
24 ) 879
     72
    ----
     159
     144
    ----
      15
```

〔12－1〕

もしも、この割り算の筆算を掛け算の筆算のようにしたらどうでしょうか（〔12－2〕）。

```
   879
÷   24
------
     3
 -72
------
   159
     6
 -144
------
    15
```

これだと商がいくつだか分かりにくいので、下のように商に丸を、余りに四角を付けてみます。

```
   879
÷   24
------
    ③
 -72
------
   159
     ⑥
 -144
------
  [15]
```

〔12－2〕

すると、商が36で余りが15だということが分かります。こういう形でも出来ないということではありません。でも、これよりは、商が一箇所にまとまるので現在のやり方のほうが良いと思います。

それでは、よその国ではどんな割り算をしているのか調べてみました。

① ドイツの割り算

ドイツに行っている人から送られてきた、ドイツの教科書のコピーには、割り算のはじめに、次のような問題が書いてありました。

「ルーカスは彼のクラブの試合のために、72個のボールを買いたいと思っています。ボールは3個入りの箱に入っています。ルーカスはいくつの箱が必要ですか」

〔ドイツの割り算〕
Schriftliche
Division（筆算）

```
ZE     ZE
72 : 3=24
 6         Probe（検算）
 ─
12             24・3
12               72
 ─
 0
```

〔12－3〕

〔12－3〕の式がドイツの教科書にあった式です。

「Z」は「十の位」、「E」は「一の位」の意味です。

「72：3」は「72÷3」ということです。72の十の位の7の中に3が2つありますから、イコールの右の十の位の場所に2と書きます。後は日本の割り算の筆算と同じようにして商の24を求めます。

ドイツの教科書には、すぐ横に検算も書いてあって、商と割る数を掛けて、割られる数になれば良しとしています。

ドイツの計算では、割り算は掛け算の逆の計算であることを示しています。72÷3は、3×□の□を求める計算です。

この方法で、先ほどの879÷24の計算をやってみます（〔12－4〕）。「R」は「余り」ということです。

（問題）　879 : 24

（筆算）

HZE　ZE	
879 : 24＝36	
72	（検算）
159	36・24＋15
144	864＋15
15	879

（答）

879 : 24＝36 R 15

（分数式）

$$\frac{879}{24}=36+\frac{15}{24}=36+\frac{5}{8}$$

この筆算の中の72と144は、日本の割り算と同じで部分積です。

879 : 24＝36
72　←（24・3＝72）
159
144　←（24・6＝144）
15

（位取りの「H」は「百の位」です）

〔12－4〕

〔スイスの短除法〕

879：24＝③⑥
159
15

（短除法の説明）
（87の中に24が3つあるから）
87－20×③＝27
27－4×③＝15
（ここまで十の位の計算。一の位の9を下ろして159とする。15の中に2が6つあるから）
15－2×⑥＝3
39－4×⑥＝15

879÷24は159と15を書いただけで商が36で余りが15になるという計算法です（解説の便宜上、数字に記号を付しました）。

〔12－5〕

② スイスの短除法

ドイツの隣のスイスでは、ドイツと同じ方法ですが、短除法があると言われています。短除法というのは、割り算の筆算を縦に長く書かないで省略して書く方法です。ずいぶん暗算が入っています（〔12－5〕）。

③ ポーランドの割り算

ポーランドの割り算は、ドイツやスイスの割り算と似ていますが、割る数を左側に移動させると日本の割り算に似ています（〔12－6〕）。

④　スウェーデンの割り算

スウェーデンの割り算は、筆算形式がより鮮明になっています（〔12－7〕）。

⑤　オランダの割り算

オランダの割り算の筆算形式は、「除数／被除数／商・余り」のように斜線で分かれた形になっています（〔12－8〕）。「r」は「余り」のことです。

〔ポーランドの割り算〕

36
879：24
−72
159
144
15

〔12－6〕

〔スウェーデンの割り算〕

36
879／24
−72
159
144
15　$\frac{879}{24}=36r15$

〔12－7〕

〔オランダの割り算〕

24／879／36r15
72
159
144
15

〔12－8〕

〔カナダの割り算〕

```
879／24
72    36
159
144
 15
```

〔12－9〕

〔ドミニカの割り算〕

```
879／24
72    36 r 15
159
144
 15
```

〔12－10〕

〔アルゼンチンの短除法〕

```
879／24
159  36
 15
```

〔12－11〕

⑥　カナダの割り算

カナダの割り算は、割る数が割られる数の右にあるところは、ドイツの割り算と同じですが、商の位置は違います。商は割る数の下に書かれています（〔12－9〕）。

カナダの割り算は、割る数に商の十の位の数、一の位の数を掛けるとそれぞれの部分の積になることが分かりやすくなっています。

⑦　ドミニカの割り算

ドミニカの割り算はカナダの割り算に似ていますが、商の右に余りが書いてあります（〔12－10〕）。余りが商の右にあるので、割る数に商を掛けて余りを足すと割られる数になるというように、検算がしやすくなっています。

⑧　アルゼンチンの短除法

カナダやドミニカのような計算にも短除法があるそうです。アルゼンチンの短除法がそうです（〔12－11〕）。カナダやドミニカ、アルゼンチンの割り算の便利な点は、検算がやりやすいことです。

〔フランスの割り算〕

879	24
72	30
159	
120	5
39	
24	1
15	36

（フランスの割り算の解説）
879の870の中に、24が30個あります。

$24 \times 30 = 720$

$879 - 720$
$= 159$

159の中に24が5個あります。（もっとあるが、5個は確実にあるという考えです。）

$24 \times 5 = 120$

$159 - 120 = 39$

39の中に24は1個ありますから

$24 \times 1 = 24$

$39 - 24 = 15$

答　商は36で余り15

〔12－12〕

⑨　フランスの割り算

フランスの割り算は〔12－12〕の通りです。

⑩　アメリカやイギリスの割り算

アメリカやイギリスの割り算は日本と同じです。

⑪　外国の割り算のやり方から思うこと

日本では、割り算の商を立てるのに、仮の商を立てて、その商が大きくても小さくても商を立て直しますが、世界の国々では必ずしもそのようにはしていません。

日本の商の立て方

日本では、2桁で割る割り算になると、割る数を1桁の概数にして九九を使って仮の商を立てるようにしています（〔12－13〕）。すると、仮の商が大きくなったり、小さくなったりしてそのつど修正をしています。それは、「割る数と割られる数を0でない同じ数で割ってもその商は変わらない」という割り算の性質を理解することと、掛け算九九が自由に使えるということ、数を丸めて何十と見られることによって何百何十という数が、十や百を単位と

〔日本の商の立て方〕

68÷16の計算をしなさい。

①60÷10として、仮の商を立てる。

②仮の商と割る数を掛ける。

```
      6
 16)68
    96  引けない
```

③仮の商を1小さくする。

```
      5
 16)68
    80  まだ引けない
```

④仮の商をさらに1小さくする。

```
      4
 16)68
    64
```

〔割り算が得意になるまでの子どもたちの救済案〕

68÷16の計算をしなさい。

①16を掛けて68より小さいと思われる数で割る。

②余りが割る数より大きかったらまた割る。

```
      2 ┐
      2 ┘ 商は4
 16)68
    32
    ──
    36
    32
    ──
     4  余りが割る数より小さくなるまで続ける。
```

〔12−13〕

しておよそ何個分に当たるかということが考えられること、それによって数を念頭でとらえることが出来て、割る数が二位数であっても一位数同士の計算に置き換えられるということを重視しているので、仮の商を立てて、多過ぎたり少な過ぎたりしたら修正するように指導しているのです。しかし、子どもたちにとっては負担となることも多く、「割り算は嫌いだ」という子どもも割合多いのです。でも、それを乗り越えると、計算力もつき子どものためになるので、日本ではそのようにしているのです。私もそのようにやってきました。

けれども、2桁で割る割り算の最初は、外国でやっているように、商を小さく立てて、まだ割れる、まだ割れるという書き方で教え、慣れてくるに従って、「一度で正しい商がたてるようにしてごらんなさい」というほうが自分でアルゴリズムに気付くのではないかと思います。

〔ある本に書かれていた割り算〕

```
      4
      5
     10
   ------
   400 : 21
  -210
   ------
   190
  -105
   ------
    85
    84
   ------
     1
```

400 : 21
＝19r1

この計算をもっと短くすると、

```
     19
   ------
   400 : 21
  -210
   ------
   190
  -189
   ------
     1
```

と、なります。

（*The mathematical Textbook for Young Students* より）

〔12−14〕

13 おまんじゅうの法則——分配法則

$$8.14 \times 2.83 + 1.64 \times 8.14 + 8.14 \times 5.53$$

〔13－1〕

〔13－1〕のような計算をしなさいと言われたら、どうしますか。私立中学校の入試問題のなかには、こんなようなものもあるのです。3桁同士の掛け算を3回もして、その合計を足すなどというのは、嫌ですよね。

でもこの計算の答は、すぐに分かります。答は81.4です。

どうしてすぐに答が出るのでしょうか。

この問題をよく見ると、掛け算3つと足し算3つで、掛け算にはそれぞれ同じ数(8.14)が掛けてあります。そればかりではありません。

その8.14に掛けてある数が2.83, 1.64, 5.53で、その和は10になっています。ですから暗算で、8.14の10倍で81.4と答が得られます。

この計算の法則は小学校の高学年では「計算のきまり」として、中学校では「**分配法則**」として、〔13－2〕のように教えます。

これを私は、小学校の3年生に「お饅頭《まんじゅう》」の例を出しながらお話ししました。

「次の絵のように、あんこのお饅頭と、きな粉のお饅頭があります。お饅頭は、全小学校では計算のきまりとして、中学では負の数にも拡張して、分配法則として教えています。

□×(○+△)=□×○+□×△
(○+△)×□=○×□+△×□

文字式でも、同じ文字を含む項の和を求めるときに

$$am+an=a(m+n)$$

が成り立つことを教えています。

〔13－2〕

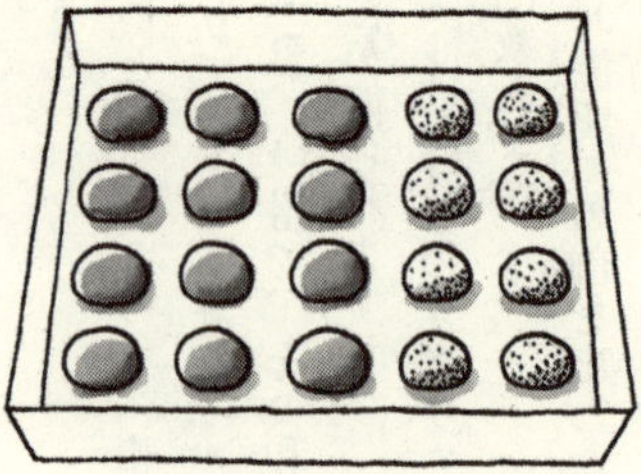

〔13－3〕

部で何個あるでしょうか」（〔13－3〕）

「1、2、3……と数えるなら、幼稚園の子どもでも分かります。あなた方は3年生ですから、九九を使って数えてください。どんな数え方がありますか」

1人の子どもは、〔13－4〕の①のように4×5として20個と答えました。

別の子どもは、あんこのお饅頭ときな粉のお饅頭に分けて、③のようにして、20個と答えました。

①	4×5
②	5×4
③	$4\times(3+2)$
④	$4\times3+4\times2$
⑤	$3\times4+2\times4$
⑥	$(3+2)\times4$

〔13－4〕

こうして、3年生でも、6種類の答が出ました。

そこで、③と④、⑤と⑥をそれぞれイコール（等号）で結び、「2つの数にそれぞれ同じ数を掛けるときは、別々に2つの数に掛けてから足しても、2つの数を足してから、その合計に掛けても、全体の数は変わりませんね」と、計算の規則のお話をしました。

そして、このきまりを「おまんじゅうの法則」としました。

発　見——子どもの作文から　　二年　E・I

今日、電車がガタンとゆれたとたん、あれっと思いました。$2+5=7$です。その2に10をたすと12です。その12から5をひくと、やっぱり7になります。

面白いと思って他のもやってみると、$1+5=6$　$11-5=6$とか、$3+5=8$　$13-5=8$とかは同じでした。

家に帰って、じっくり考えてみると、$+5$の時だけ同じ答になるということが分かりました。

＋3だったらどうなるかな、とやってみると、前の方の数に10じゃなくて、6をたせばいいということが分かりました。

＋4だったら、きっと8をたせばいいと思ってやってみたら、合っていました。

今日は、すごい発見をしたなと思いました。

お姉ちゃんに言ったら、

「あたりまえじゃん」

と言いました。もうお姉ちゃんには教えてやらないと思いました。

お兄ちゃんに言うと、

「すごい、すごい。数直線に書いてごらん。よく分かるよ」

と教えてくれました。お兄ちゃんは、よく分かってくれるから、何でも話したくなります。

面白い計算――子どもの作文から　三年　Y・K

この間算数の時間に、面白い計算を教えてもらいました。

4を4個使って、＋－×÷を好きなように間に入れて式を作ります。そして、答が0から9までの数になるようにいろいろな式を作ります。

答が0と1になるのはかんたんだったけど、2がちょっと悩みました。3と5はすごく苦労しました。3と4と5と6と7はなぜ苦労したかと言うと、（　）を付けるのと、×と÷は＋－より先にやるという事を忘れていたからです。（　）を付けてやったら、全部出来ました。

僕は0から9までを一通りずつ書いたんじゃなくて、何通りも書きました（〔13－5〕）。

$4+4-4-4=0$
$4-4+4-4=0$
$4-4-4+4=0$
$4\div4-4\div4=0$
$(4+4-4)\div4=1$
$4\div4-4+4=1$
$4\div4\times4\div4=1$
$4-4+4\div4=1$
$4\div4+4-4=1$
$4\div4+4\div4=2$
$4-(4+4)\div4=2$
$(4+4+4)\div4=3$
$(4-4)\div4+4=4$
$(4-4)\times4+4=4$
$4\times(4-4)+4=4$
$4+4\times(4-4)=4$
$(4\times4+4)\div4=5$
$(4+4\times4)\div4=5$
$(4+4)\div4+4=6$
$4+(4+4)\div4=6$
$4+4-4\div4=7$
$4+4-4+4=8$
$4+4+4-4=8$
$4\times4-4-4=8$
$4\times4\div4+4=8$
$4\div4\times4+4=8$
$4+4\times4\div4=8$
$4\div4+4+4=9$
$4+4\div4+4=9$
$4+4+4\div4=9$

〔13－5〕

算数もいっしょうけんめいにやると楽しいなと思います。もっといっしょうけんめい続けて、算数の本当の面白さをもっと引き出そうと思います。

14 小数――半端な数の表し方①

一 小数を分数より先に学ぶ理由

単位量より小さい半端な部分を表す方法として小数と分数があります。

小数は、10集まると1つ上の位に繰り上がり、10等分して1つ下の位に繰り下がるという整数と同じ十進数の構造なので、子どもたちにも親しみがあります。また、すでにℓとdℓ、cmとmmの関係も習っているし、10等分して下の単位を作る学習もしているので、小数という考え方は入りやすいのです。

一方、分数は3個分で1mになったり、4個分で1ℓになったりするように、いくつかの数が集まると1になるという構造をしています。$\frac{1}{3}$が3個分で1になったり、1は$\frac{1}{5}$の5個分に分かれたりしますから、分数の構造はn進数の構造ということができます。

そこで、分数より小数を先に教えることのほうが多いのです。もちろん、分数を先に教えてはいけないということではありません。

二　小数の意味

小数を用いることにより、半端な数が「1ℓと少し」と言わずに「1.2ℓ」と言うことができます。このほうがより的確にその数を言い表せます。また「1m65㎝」というより「1.65m」というほうが簡潔に表すことができます。

子どもの中には、小数と言うと「1より小さい数」「小数部分だけの数」という誤った認識を持つ子どもがいます。「0.3」だけでなく「1.3」も小数だと教えてあげてください。そういう子どもには、「1より小さい位のある数」と教えるほうが分かりやすいかもしれません。小学校では教えませんが、0と1の間の小数を「純小数」、1より大きい小数を「帯小数」と言います。0.3や0.65は純小数、1.7や3.08などは帯小数です。

3年生に小数を教えたときは、はじめにコップに1dℓと少しの水を入れて「このコップにどれだけ水が入りましたか」と尋ねました（［14－1］）。はじめは「1dℓより少し多い」とか、「1dℓとちょっと」などと言っていました。

〔14－1〕

1.3
↑ 一の位
↑ 小数点
↑ 小数第一位

1.3…小数
1　…整数
小数の1.3のほうが
整数の1より大きい

〔14－2〕

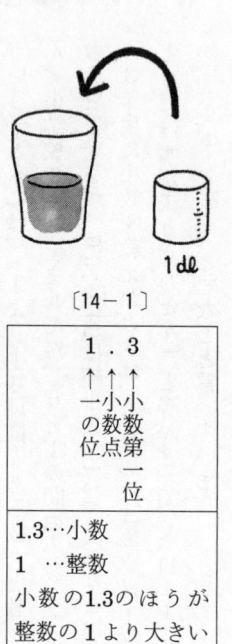

そこで、コップを空にしてデシリットルマスに10等分の目盛りを付けて、子どもに見せながら1.3dℓの水をコップに入れました。そして「さあ、どれだけ水が入ったでしょう」と尋ねました。

「1dℓと目盛り3つ」「1dℓと3」などと言う子どももいました。

そこで、「1デシリットルマスを10等分した1目盛り分を『0.1（れいてんいち）dℓ』と言います。今コップの中の水の量は1.3（いちてんさん）dℓです」と教えました。

そして、1.3dℓの書き方、小数点の言葉と意味、「小数第一位の位、小数部分と整数部分」などの言葉とその意味と書き表し方を教えました（〔14－2〕）。

「小数第一位」という言葉をしっかり定着させるには、「小数第二位」や「小数第三位」と比較して説明するほうが分かりやすいです。3年生では深入りすることはありませんが、そのほうが「小数第一位」の意味がはっきりします。後には、「小数第一位」のことを「$\frac{1}{10}$の位」とか「0.1の位」という言い方をするようにもなります。

三　小数の足し算・引き算

足し算・引き算は、整数でも、小数でも、分数でも、単位を揃えて計算しなければなりません。以前、大学生に「3枚のお皿と2匹の魚を合わせるといくつになりますか？」と尋ねたことがありました。その大学生は「5です」と答えましたので、「では、その5の単位は何ですか。『枚』ですか、『匹』ですか」と尋ねたことがありました。大学生は答につまってしまいました。足し算・引き算では、同じ種類、同じ質、同じ単位、同じ集合の要素でなければ演算は成り立ちません。中学校でも「『$2a+3b$』はこれ以上計算できません。これ以上簡単にはなりません」と習ったと思います。

整数の足し算や引き算で、「位を揃えて計算しましょう」と言われたように、小数でも小数点を揃えて、同じ位同士で計算をします。ただ、十進数ですから、それぞれの位で10以上になると、10をまとめて1つ上の位で表す「繰り上げ」、10を下の位で表す「繰り下げ」のやり方は、整数のときと同じです（〔14－3〕）。

よく「算数や数学は積み重ねの学習だから、基礎となる部分が分からないと、その先が分からなくなります」と言われます。しかし積み重ねの学習ということは、以前習ったことも、スパイラル（螺《ら》旋《せん》形《けい》）のように何度も学習するということです。算数は出てくるたびに復習することができる学科でもあります。整数の足し算・引き算が苦手だった人でも、小数の足し算や引き算を学習するときには、小数点を揃える以外は整数と同じように計算することになるので、整数の足し算や引き算の復習ができます。

小数の位を揃えるのは、小数点を揃えればよいので、

67－14＝53
6.7－1.4＝5.3

```
  67       6.7
－14     －1.4
────     ─────
  53       5.3
```

考え方は同じです

〔14－3〕

0.36＋0.24＝0.6

```
  0.36
＋0.24
──────
  0.60
```

末尾の0は書きません

21.7－5.39＝16.31

```
  21.70
－ 5.39
───────
  16.31
```

末位が揃っていないとき、引かれる数の小数点以下の桁数を引く数に合わせるため0をつけます

47.6＋0.684＝48.284

```
  47.600
＋ 0.684
────────
  48.284
```

6－0.37＝5.63

```
  6.00
－0.37
──────
  5.63
```

〔14－4〕

難しくはないのですが、小数だけに末位が揃っていない場合に計算ミスをすることがあります。これは、小数の仕組みが理解不足のときに起こります。また、末位が0になった場合には、その0を書かないという処理の仕方も理解させておく必要があります（〔14－4〕）。

四　小数の掛け算

小数の掛け算は、小学校5年生で学習します。4年生までの整数の掛け算は、基になるもののいくつ分として整数を掛けるときや、同じ数をいくつも足すときの掛け算として使われてきました。すなわち「同数累加」でした。しかし、掛ける数が小数になると、同数累加では説明がつかなくなります。そこで、掛け算の意味を拡張して考えることになります。しかし、拡張しても、それまでの見方、考え方が生かせるものでなければなりません。

小数の掛け算を考えるには、連続量でなければなりません。連続量では、数直線と合わせて長さや重さを用いるのが子どもたちには分かりやすいでしょう（〔14－5〕）。

「1mの重さが4gの針金2.8mの重さを求める」という式を考えてみましょう。「1mの重さ×長さ」という言葉の式と対応付けて、2.8mの重さは「4×2.8」という式を立てることになります。「2.8×4」というように、掛ける数（乗数）が整数なら、「2.8＋2.8＋2.8＋

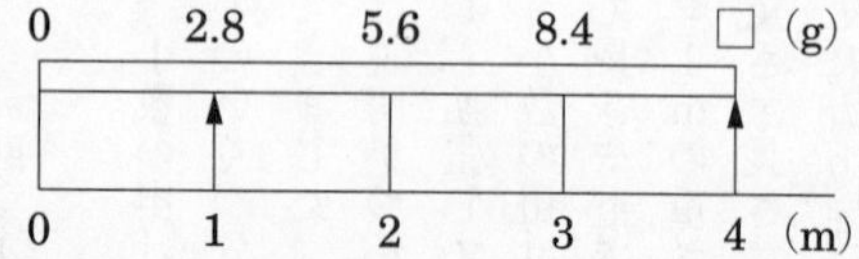

1m の重さが2.8g の針金 4 m の重さなら、
2.8×4で、整数を掛けるから、
2.8×4＝2.8＋2.8＋2.8＋2.8
で求められます。

1m の重さが 4 g の針金2.8m の重さは、
4×2.8で、(×整数)になるように考えます。

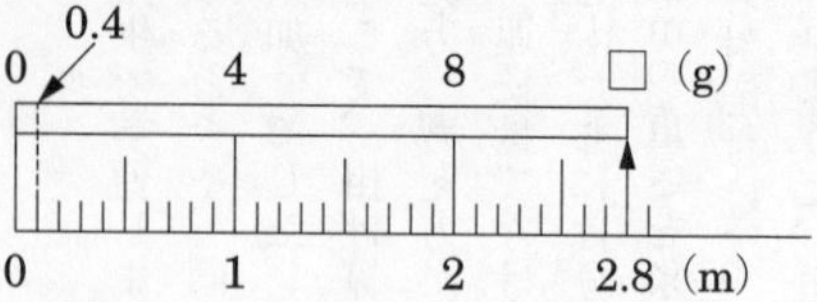

掛け算は交換の法則が成り立つから、
4×2.8＝2.8×4でも考えられます。被乗数を10分の 1 にし、乗数を10倍して、乗数を整数にしても、計算出来ます。

4×2.8＝(4÷10)×(2.8×10)
＝0.4×28

小数の掛け算の筆算は乗数を10倍して整数で計算し、積を10分の 1 にしています。

```
   4         乗数10倍        4
× 2. 8          ⇨         × 2 8
─────                     ─────
                ⇙
答を出す
   4         積10分の1       4
× 2 8           ⇨        × 2. 8
─────                    ──────
 1 1 2                    1 1. 2
```

〔14－5〕

2.8」として同数累加でも計算できますし、「2.8の 4 つ分」としても計算できます。
「4×2.8」は、4 g が 1 m分ですからまず28 m分の4×28＝112 gを求めます。2.8 mは28 mの10分の 1 ですから、4×(2.8×10)÷10と計算します。答は11.2 gです。また、1 mが 4 gなので0.1 m当たりの重さを求め、2.8 mが0.1 mの何倍かと考えて、(4÷10)×(2.8×10)として計算することもできます。

筆算も、被乗数（掛けられる数）や乗数を何倍かして整数にして計算し、積を調整（乗数を10倍したら、積は10分の1、乗数を100倍したら積は100分の1）します。

子どもたちには「小数の掛け算は整数の掛け算に直して考えます」と教えています。

五　小数の割り算

「20ℓの油を2.5ℓ入るビンに移すと、何本分になりますか」。これは20ℓの量を2.5ℓの量で割る計算です。20ℓの中に、2.5ℓがいくつ含まれているかを求めます。

「車にガソリンを28.5ℓ入れたら3705円でした。このガソリン1ℓの値段はいくらでしょうか」。これは、3705円を28.5等分した値を求める計算です。

この2つは、割り算の意味は異なりますが、いずれにせよ、計算の方法は同じです。

割り算には、**「被除数（割られる数）と除数**

$$
\begin{aligned}
&20 \div 2.5 \\
&= 200 \div 25 \qquad (\times 10) \\
&= 40 \div 5 \qquad (\div 5) \\
&= 8 \qquad (\div 5)
\end{aligned}
$$

$$
\begin{aligned}
&3705 \div 28.5 \\
&= 130
\end{aligned}
$$

```
          1 3 0
28.5.)3 7 0 5.0.
      2 8 5
        8 5 5
        8 5 5
            0
```

〔14－6〕

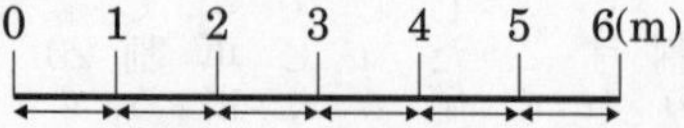

6mの棒を1.5mずつに切ると、何本できますか

6÷1.5＝4　　　　答　4本

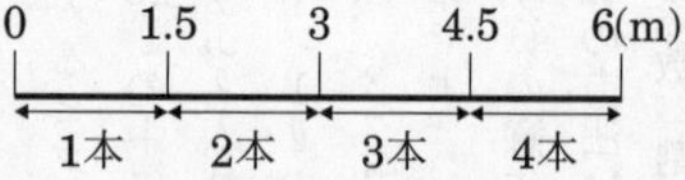

6mの棒を1mずつに切ると、何本できますか

6÷1＝6　　　　答　6本

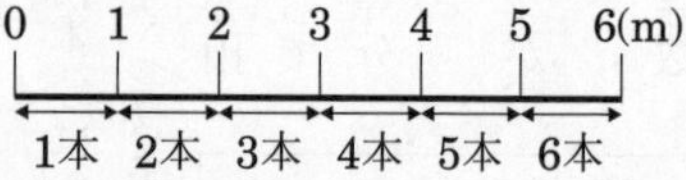

6mの棒を0.6mずつ切ると、何本できますか

6÷0.6＝10　　　　答　10本

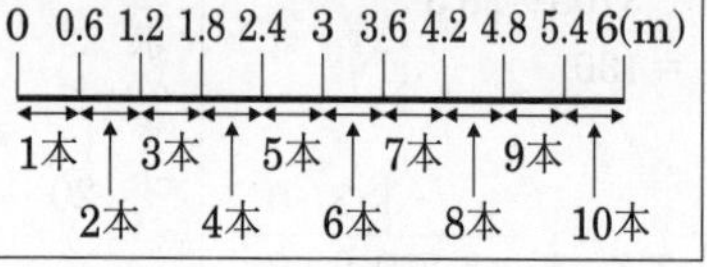

〔14－7〕

（割る数）に同じ数を掛けても、0でない同じ数で割っても商（割り算の答）は変わらない」という性質があります。「小数÷小数」の計算にはこの性質を使います。〔14－6〕の上の式は、式の中で被除数と除数に同じ数を掛けたり（×10）、同じ数で割ったり（÷5）して商を求め、〔14－6〕の下の式は筆算で、被除数と除数を10倍して商を求めました。

小数の割り算で子どもが不思議に思うことは、小数で割ると、商が割られる数より大きくなることがあることです。例えば6÷0.5の商は12で、もとの被除数である6よりも大きくなっています。整数の割り算のときには、6÷2＝3のように、商は必ず割られる数より小さかったのに、純小数（1より小さい小数）で割ると、商が被除数（割られる数）より大きくなるのです。

子どもがこのことに疑問を持った場合には、割られる数と割る数と商の関係を〔14－7〕のような、棒を等分する図で示したらよいでしょう。

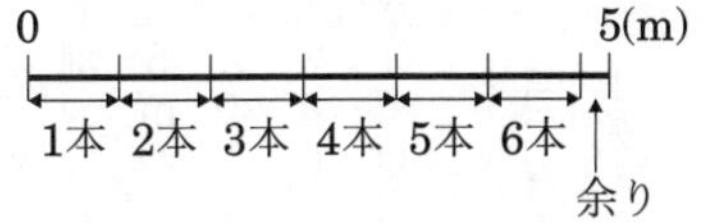

5÷0.8
＝6余り0.2

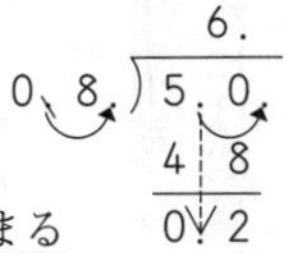

6本出来て0.2mあまる

5mのテープを0.8mずつに切ります。テープは何本できて、何mあまりますか

500cmのテープを80cmずつに切ります。テープは何本できて、何cmあまりますか

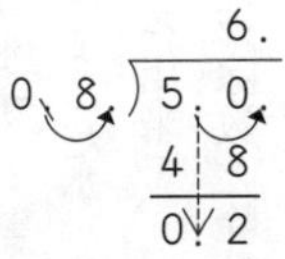

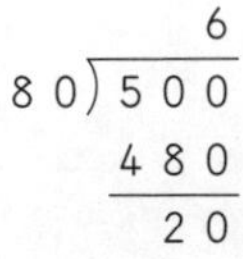

テープは6本
できて0.2m
あまる
（余りは2mではない）

テープは6本
できて20cm
あまる

〔14－8〕

ところで、割り算の答に余りが出てくるものがあります。「割られる数と割る数を同じ数で割っても、商は変わらない」とこれまで説明してきましたが、余りは同じではありません。

「5mのテープを0.8mずつに切ります。テープは何本出来て、何m余りますか」

このような問題を解くとき、5÷0.8という式は、被除数と除数をそれぞれ10倍して、50÷8として計算します。50÷8の答は6で余り2となります。テープは6本ですが、余ったテープは2mではなく、10で割って元に戻して0.2mの余りとします（〔14−8〕）。

コラム・循環小数

小数のなかには面白い性質を持つものがあります。

「0.9999999……は、1と同じかなぁ」

「1じゃないよ。1よりはほんのちょっと小さいよ」

「え、1と同じだってお兄さんが言っていたよ」

「だってさ、0.9は1よりも0.1だけ小さいでしょう。0.99だって1より小さいでしょう。0.99だって、そりゃあ0.9との差よりは少ないかもしれないけど、やっぱり1よりは小さいでしょう。0.9999999……とずうっと続いたって、やっぱりほんのちょっと1より小さいさ」

「僕だってよく分からないんだけど、お兄さんは1と同じだって言うんだ。どうしてだろう」

6年生の2人の会話を耳にしました。小学生なりに極限や無限を分からせるには何と言ったらよいか考えました。

「ねぇ、『$\frac{1}{3}$』を小数で表したらいくつ？」

「それは、『1÷3』の答だから、0.3333333……さ」

「『$\frac{1}{3}$』と『0.3333333……』が同じなんでしょう。『0.3333333……』を3倍したら、いくつ？」

「そりゃ、『0.9999999……』さ」

それじゃ、『$\frac{1}{3}$』を3倍したらいくつ？」

「それは1さ」

「『0.3333333……』も『$\frac{1}{3}$』も両方とも3倍すれば答は同じはずでしょう。だから『0.9999999……』は『1』ですよ」

「そう言われればそうだけど、でも、『0.9999999……』は『1』より小さいように思うな」

「では、もう1つ、今度は紙に書いて説明しましょう」（〔14－9〕）

0.9999999……の値をAとしましょう。

$$0.9999999\cdots\cdots=A$$

0.9999999……を10倍します。すると、9.9999999……です。これは、Aの値の10倍です。

「9.9999999……」から「0.9999999……」を引きます。すると、「9」です。

Aの10倍（Aの10個分）からA（Aの1個分）を引くと、Aの9倍（Aの9個分）になります。

Aの9個分が9ですから、A（Aの1個分）は1です。

今のことを式にします。

$$A=0.9999999\cdots\cdots$$
$$A\times10=9.9999999\cdots\cdots$$
$$A\times(10-1)=9$$
$$A\times9=9$$
$$A=1$$

〔14－9〕

このように考えると、循環小数を分数で表すことができます（〔14－10〕）。

0.777777……の値をAとします。

$0.777777\cdots\cdots = A$——①

両辺を10倍すると、

$7.77777\cdots\cdots = A \times 10$——②

②の式から①の式を引くと、

$7 = A \times 9$

両辺を9で割ると、

$\frac{7}{9} = A \qquad 0.7777\cdots\cdots = \frac{7}{9}$

同じようにして、

$0.3333\cdots\cdots = \frac{3}{9} = \frac{1}{3}$

$0.4444\cdots\cdots = \frac{4}{9}$です。

では、

0.15151515……を分数で表すとどうなるのでしょうか。

0.15151515……の値をBとします。

$0.15151515\cdots\cdots = B$——③

両辺を100倍すると、

$15.151515\cdots\cdots = B \times 100$——④

④の式から③の式を引くと、

$15 = B \times 99$

両辺を99で割ると、

$\frac{15}{99} = B$

$0.151515\cdots\cdots = \frac{15}{99} = \frac{5}{33}$です。

〔14−10〕

15 分数——半端な数の表し方②

一 半端の大きさを表す数

小数と同様に単位量より小さい半端な部分を表す数として分数があります。分数も小数同様に、端数部分の大きさや等分してできる部分の大きさなどを表す数として学びます。端数部分の大きさを表す数としては小数を先に学んでいるので、分数がなぜ必要かを理解するためには、例えば$\frac{1}{3}$ mや$\frac{1}{4}$ dℓなど10等分では表せない量で教えるほうが有効です。

分数で大切なことの1つに、等分した大きさを分数を用いて表すことが出来るということがあります。例えば$\frac{1}{8}$ mは1 mを8つの同じ長さに分けたものの1つ分です。0.125 mは1 mを8等分したものとはすぐには分かりませんが、$\frac{1}{8}$ mならすぐに分かります。

分数をはじめて扱うには、長さか液量がよく、どちらがよいかは一長一短があります。もしも長さで子どもに端数部分の表し方を考えさせるならば、正確に切った1mの紐《ひも》や紙テープをたくさん用意しておいて、実際に操作させて考えさせることが大事ですし、液量で扱うならば、1dℓマスや1ℓマス、それにいろいろな大きさの入れ物などを揃えておいて実際に操作させることが理解に役立ちます。

二　分数について

現在のような分数の概念が作られたのは、三、四世紀ごろだと言われています。現在、小学校で扱われている分数は、長さや液量などの「量を表す単位を付けた分数」や、何等分したもののいくつ分というような「大きさを表す分数」や、「割り算の商を表す分数」がありますが、その他にも「比の値を表す分数」などがあります。分数は、表現形式が複雑で、意味もいろいろあり、真分数、仮分数、帯分数、単位分数、分子、分母、約分、通分など、覚えるべき名称も多く、子どもたちにとっては小数より難しく感じられているようです（これらの言葉は次で説明します）。

分数の指導では、端数部分や等分してできる部分の大きさなどを表すのに分数を用いると

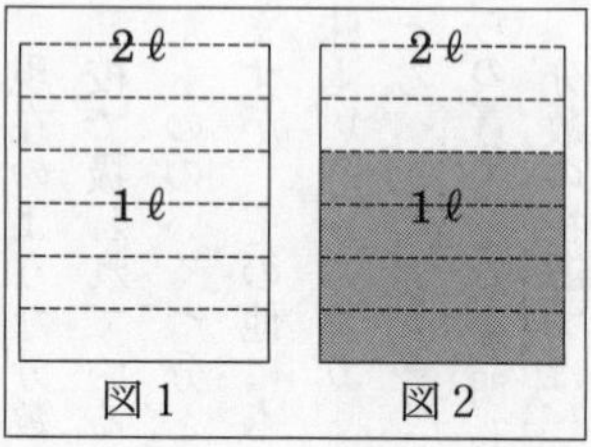

〔15－1〕

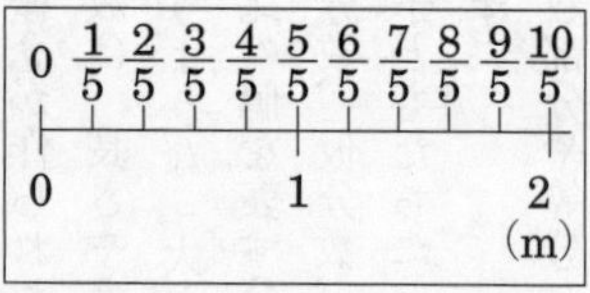

〔15－2〕

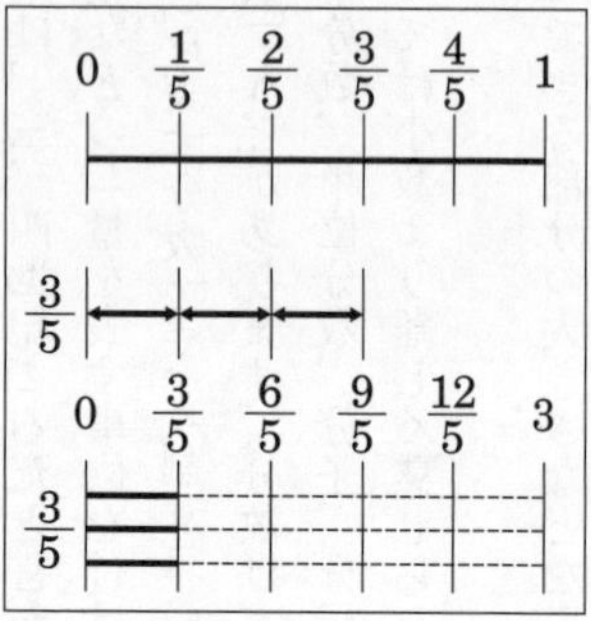

〔15－3〕

いうことを教えた後に、分数を単位分数のいくつ分かで表せることを教えます。すなわち、$\frac{5}{3}$は$\frac{1}{3}$という単位分数の5つ分と表せるということです。

〔15－1〕の図1で、「$\frac{1}{3}$ℓの5個分に色を塗りましょう」などと問いかけたり、〔15－1〕の図2で、「色の付いている部分は何ℓと言ったらいいでしょうか」などと尋ねて、数量を分数で表すことを理解させます。

また、〔15－2〕のような数直線を描いて、$\frac{1}{5}$mの2個分、3個分……10個分は、それぞれ何mかを尋ね、それぞれの長さは、単位分数のいくつ分が集まってできる分数かを理解させます。

また、「$\frac{7}{6}$は何が7個集まった数ですか」、「$\frac{1}{5}$がいくつ集まると2になりますか」などと尋ねて、分数の仕組みなどを分からせます。

分数は単位分数のいくつ分というだけでなく、整数を等分した数ということもあります。例えば、「$\frac{3}{5}$」という分数は、「$\frac{1}{5}$の3つ分」というほかに、「3の$\frac{1}{5}$」という見方もあります（〔15－3〕）。

三　真分数・仮分数・帯分数

$\frac{3}{4}$のように分子が分母より小さい分数を**真分数**、$\frac{8}{8}$や$\frac{7}{4}$のように分子が分母と等しいか、分子が分母より大きい分数を**仮分数**、$1\frac{3}{4}$のように整数と真分数の和になっている分数を**帯分数**と言います。

帯分数の読み方は、長い間「1か4分の1」のように、整数部分と分数部分の間に「か」という言葉を入れて表していましたが、最近では「1と4分の1」というように、「1＋」の意味を強調して「と」という言葉を入れて読んでいます。

コラム・分数の読み方

3年生にはじめて分数を教えた後の休憩時間に、1人の女の子から、「先生、分数はいつでも必ず下の数（分母）を先に言うのですか」と尋ねられたことがありました。子どもはいろいろ疑問に思うもので、それには面倒くさがらずに答えてあげなければなりません。しかも、相手の子どもの知識力、理解力などを考慮して、なるべく適切な回答をすぐに与えなければならないので、小学校の先生はふだんからよく勉強しておかなければ、そのつど子どもを満足させられません。そのとき私は、質問した子どもの顔を見ながら次のように答えました。

「日本や中国では分数は下の数（分母）を先にして、『5分の3』のように言っていますが、アメリカやイギリスでは『スリー・フィフス』などと上の数（分子）を先に言っていますよ。日本語では分母を先に言いましょうね」

と答えました。その子はその答で満足したようでした。

四　分数の加減

分数に限らず、足し算・引き算は、単位を揃えなければなりません。分数の単位とは単位分数のことです。すなわち、分子が1の分数のことです。単位分数を揃えるということは、分母を揃えるということです。分母が同じ分数でなければ、足し算や引き算はできません。分母を揃えることを**通分**と言い、分母を揃えるために、分数の性質を使います。分数の性質というのは、**「分数の分母と分子に同じ数を掛けても、0でない同じ数で割っても、分数の大きさは変わらない」**ということです。

通分を理解するために、$\frac{3}{4}-\frac{2}{3}$の計算をしてみましょう。$\frac{3}{4}$の単位分数は$\frac{1}{4}$、$\frac{2}{3}$の単位分数は$\frac{1}{3}$です。単位分数の$\frac{1}{4}$と$\frac{1}{3}$を揃えるということは、それぞれの分母を同じ

〔約分・倍分〕

分数$\frac{B}{A}$は、

$\frac{B\times n}{A\times n}$や$\frac{B\div n}{A\div n}$
$(n\neq 0)$

の分数の集合の代表と見ます。

このとき、

$\frac{B\div n}{A\div n}$

を「約分」といい、

$\frac{B\times n}{A\times n}$

を約分にならって、「倍分」ということがあります。

〔15－4〕

数に揃えるということです。ここで、$\frac{3}{4}$の分子と分母に3を、$\frac{2}{3}$の分子と分母に4を掛けると、$\frac{3}{4}=\frac{3\times3}{4\times3}=\frac{9}{12}$、$\frac{2}{3}=\frac{2\times4}{3\times4}=\frac{8}{12}$となります。これで分母が揃ったので、分子の引き算が出来ます。分母同士は単位なので引きません。$\frac{3}{4}-\frac{2}{3}=\frac{9}{12}-\frac{8}{12}=\frac{1}{12}$が答です。

同分母分数の足し算は、分母はそのままにして分子同士を足しますが、分子を足した合計(和)が仮分数になった場合には、小学校ではその和を帯分数や整数に直すことになっています。それは、帯分数や整数のほうが、およその大きさが分かりやすいことと、真分数、仮分数、帯分数、整数などを意識するためだろうと思われます。

〔分数の加減〕

分母の等しい分数の加減は、分母はそのままにして分子だけの和や差を求めます。

$$4\frac{2}{5}+2\frac{4}{5}=6\frac{6}{5}=7\frac{1}{5}$$

$$4\frac{2}{5}-1\frac{3}{5}=3\frac{7}{5}-1\frac{3}{5}=2\frac{4}{5}$$

分母の異なる分数の加減は、分数の性質を使って、分母を等しくしてから計算します。

$$5\frac{1}{6}+2\frac{8}{9}$$
$$=5\frac{3}{18}+2\frac{16}{18}$$
$$=7\frac{19}{18}$$
$$=8\frac{1}{18}$$

$$7\frac{1}{21}-4\frac{1}{6}$$
$$=7\frac{2}{42}-4\frac{7}{42}$$
$$=6\frac{44}{42}-4\frac{7}{42}$$
$$=2\frac{37}{42}$$

〔15－5〕

しかし、中学校以上では、文字式として計算することが多くなるために、整数にはしますが、帯分数にはしないで仮分数のままにしておきます。その理由は、$1\frac{2}{3}xy$などというと、$1\frac{2}{3}$は$1+\frac{2}{3}$という足し算で、数と文字は掛け算になるので、足し算より掛け算を先に計算するという計算の規則と混乱するからです。

分数の引き算でも、分母を同じにして（分母の差は求めずに）分子の差だけを求めますが、小学校では、差がマイナスにならないようにしています。帯分数の引き算では、整数部分同士の差と、分数部分同士の差を合わせますが、分数部分の引き算ができないときには、仮分数に直して計算したり、整数部分から1繰り下げて計算します。

分数の分母と分子を、その最大公約数で割ったりして、簡単な分数に直すことを「**約分する**」と言います。分数計算をしたら、最終的には約分できるものは約分しておかなければなりません。

分数——子どもの作文から　三年　D・K

おととい学校で、算数の時間に分数をやりました。中山先生が、

「分数の計算は、分母が同じじゃないと出来ません。でも、工夫して分母を同じ数にすることは出来ます。それは5年生のときに教えます」

と、おっしゃいました。

分母のちがう分数の計算のやり方を教えて下さらなかったので、家に帰って考えてみました。

たとえば、$\frac{1}{2}+\frac{2}{4}$を考えてみました。どちらも半分です。半分と半分をたすと1です。$\frac{5}{10}$でも$\frac{1}{2}$でも数の大きさは同じです。僕は、$\frac{1}{2}$の分母を2倍にすればいいのかなと思いました。でもそうすると$\frac{1}{4}$になって、大きさが変わってしまったので、分子も2倍にしてみました。$\frac{1}{2}$が$\frac{2}{4}$になりました。$\frac{1}{2}$も$\frac{2}{4}$も大きさは同じなので、ピッタリです。

$\frac{1}{2}+\frac{2}{4}=\frac{2}{4}+\frac{2}{4}=\frac{4}{4}=1$

最初に考えた答と同じになりました。面白いので他の計算もやってみました。

$\frac{2}{4}+\frac{1}{3}=\frac{6}{12}+\frac{4}{12}=\frac{10}{12}=\frac{5}{6}$

(4×3=12　2×3=6　3×4=12　1×4=4　12÷2=6　10÷2=5)

「お、分かったぞ！　分数は、いくら分子と分母に同じ数をかけてもわっても、大きさはかわらないんだ！」

「やったー」

五　分数・小数・整数の相互関係

分数を小数や整数に直すには、分子を分母で割ります。その際、分数が真分数なら、小数は純小数（1より小さい小数）になり、分子が分母の倍数の仮分数なら整数になり、帯分数の場合には整数部分と小数部分に分けて、帯小数（1より大きい小数）として求めます。例えば$\frac{7}{4}$を小数にすると、分子の7を分母の4で割って1.75という帯小数になります。

また、小数を分数で表すときには、小数第一位までの小数では、分母が10の分数で表し、小数第二位の小数では分母が100の分数にして、約分できるものは約分しておきます。例えば0.52は$\frac{52}{100}$ですが、分母と分子がともに4で割れるので約分して、$\frac{13}{25}$となります。

整数を分数で表すならば、分母が1の分数にするか、分子が分母の整数倍になる分数で表すことが出来ます。

〔真分数×整数〕

$$\frac{5}{14}\times 2=\frac{5\times \overset{1}{\cancel{2}}}{\underset{7}{\cancel{14}}}=\frac{5}{7}$$

〔15－6〕

六　分数の掛け算

真分数に整数を掛けるときは、分母はそのままにして、分子にその整数を掛けます（15

〔分数×分数〕

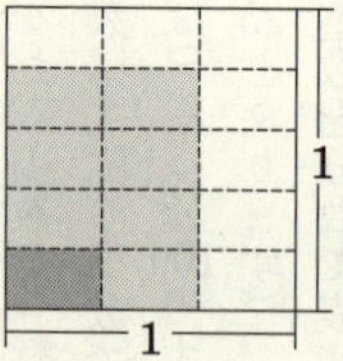

$\frac{4}{5}\times\frac{2}{3}$

1m²の$\frac{4}{5}$の$\frac{2}{3}$の広さを求めます。

■の面積は、元の正方形の$\frac{1}{5\times3}$で$\frac{1}{15}$m²です。

1m²の$\frac{4}{5}$の$\frac{2}{3}$の面積は$\frac{1}{15}$m²が(4×2)個で$\frac{8}{15}$m²です。

分数に分数を掛ける計算は、分母同士、分子同士を掛けて計算します。

$$\frac{B}{A}\times\frac{D}{C}=\frac{B\times D}{A\times C}$$

〔帯分数の掛け算での間違い〕

帯分数の掛け算では次のように間違えることがありますから、注意して下さい。

$$2\frac{3}{7}\times\frac{7}{6}=2\frac{\cancel{3}^{1}\times\cancel{7}^{1}}{\cancel{7}_{1}\times\cancel{6}_{2}}=2\frac{1}{2}$$

これは帯分数についての理解が不十分なためだと思います。正しくは、次のように仮分数にして計算します。

$$2\frac{3}{7}\times\frac{7}{6}=\frac{17\times\cancel{7}^{1}}{\cancel{7}_{1}\times6}=\frac{17}{6}=2\frac{5}{6}$$

〔15－7〕

－6〕)。帯分数に整数を掛けるときには、帯分数を仮分数に直して分子に整数を掛けるか、帯分数の整数部分と分数部分の両方に別々に整数を掛けてから合わせるようにします(〔15－7〕)。

分数の割り算は、「16 分数の割り算は、なぜ除数の逆数を掛けるのか」でくわしく説明します。

コラム・古代エジプトの分数

古代のエジプトでは、パンを等しく分けたりするために、分子が1の分数の和で、整数で表せない数を表していたそうです。

$$\frac{3}{4}=\frac{1}{2}+\frac{1}{4}$$

$$\frac{4}{5}=\frac{1}{2}+\frac{1}{4}+\frac{1}{20}$$

$$\frac{2}{7}=\frac{1}{4}+\frac{1}{28}$$

$$\frac{4}{7}=\frac{1}{2}+\frac{1}{14}$$

〔15－8〕

パンを3個焼きました。このパンを4人で等しく分けます。

まず、2個のパンを2分の1ずつにして4人に分けます。

次に残った1個のパンを4等分して4人に分けます。そのようにすると、$\frac{3}{4}=\frac{1}{2}+\frac{1}{4}$となります。

〔15－9〕

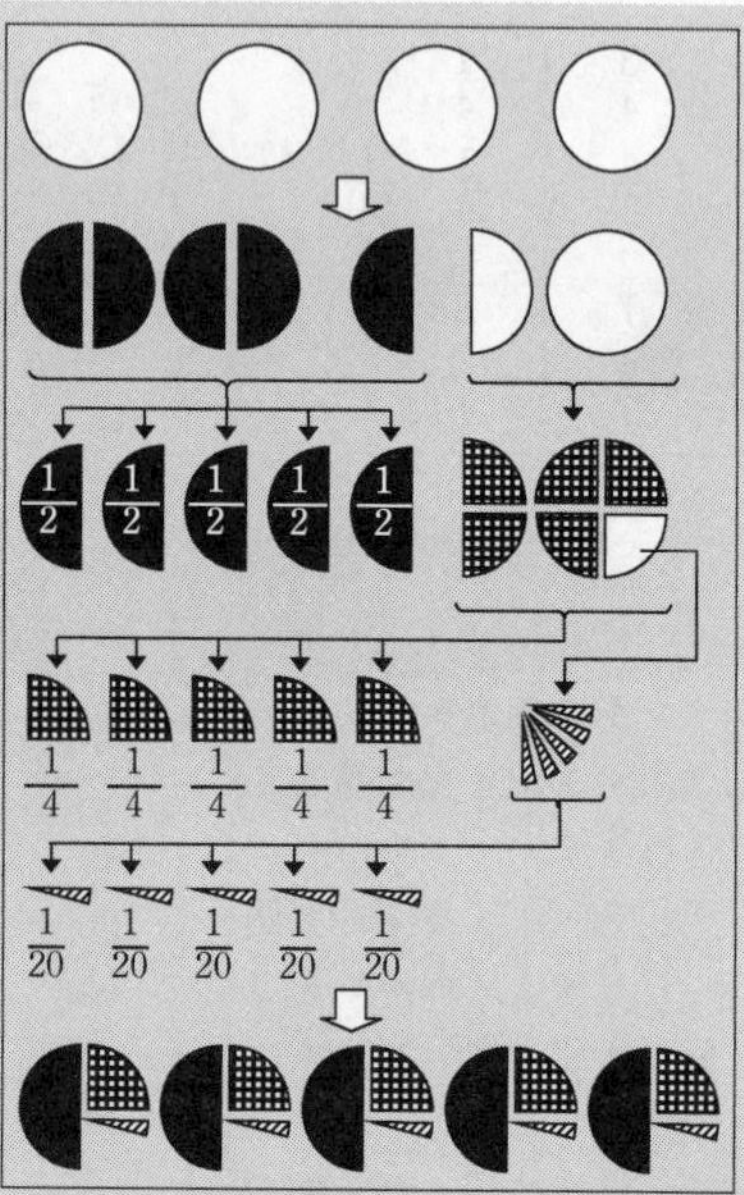

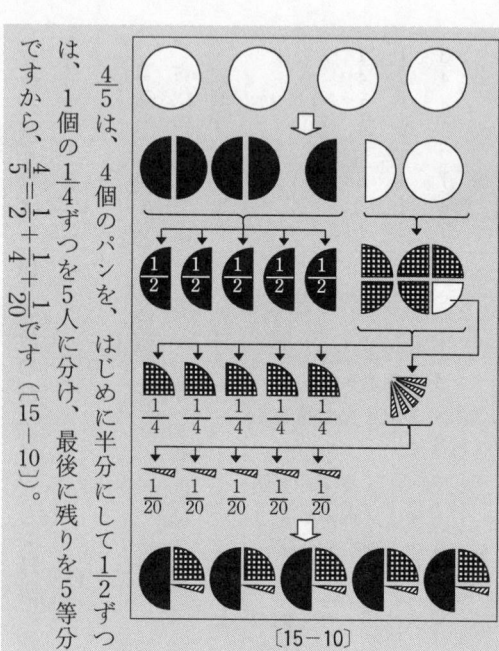

〔15－10〕

〔15－8〕は $\frac{3}{4}$と$\frac{4}{5}$と$\frac{2}{7}$と$\frac{4}{7}$を、分子が1の分数の和で表したものです。では、その作り方を説明します。

$\frac{3}{4}$は、3÷4の値です。パン3個を4人で等分した1人分の大きさです。その求め方を〔15－9〕で説明します。

$\frac{4}{5}$も$\frac{2}{7}$も$\frac{4}{7}$も、同じようにしてできます。

$\frac{4}{5}$は、4個のパンを、はじめに半分にして$\frac{1}{2}$ずつを5人に分けます。残りの1個半は、1個の$\frac{1}{4}$ずつを5人に分け、最後に残りを5等分すると、1人分は$\frac{1}{20}$になります。ですから、$\frac{4}{5}=\frac{1}{2}+\frac{1}{4}+\frac{1}{20}$です（〔15－10〕）。

16　分数の割り算は、なぜ除数の逆数を掛けるのか

分数同士の割り算はどのように計算するのでしょうか。$\frac{3}{7}\div\frac{4}{5}$という計算は、除数の逆数を掛けて、$\frac{3}{7}\times\frac{5}{4}=\frac{15}{28}$という答になることは多くの人が知っていることだと思います。

ある中学校の数学の先生に、「中学校では、分数の割り算は除数の逆数を掛けるということをどのように教えているのですか？」と尋ねたことがあります。すると、その先生は、「どうして逆数を掛けるかなんて教えていないなぁ。逆数を掛ければいいね、ということで、どんどん割り算をやっているよ」とおっしゃっていました。確かに、いちいち説明していては中学校で教えなければならない数の性質などを教えるのに、先に進めません。生徒も当然逆数を掛けるものと思っているようです。ですから、小学校でしっかり教えなければならないのですが、多くの大人はなぜ逆数を掛けるかということはあまり分かっていないようです。そこで、なぜ除数の逆数を掛ければ答が求められるかというい くつかの説明をしましょう。

一　除数を1にする（割り算の性質を使う）

割り算には「割り算の被除数と除数に同じ数を掛けても、0でない同じ数で割っても、商は変わらない」という性質があります。小数の割り算などは、この性質を使って計算しています。

また、1で割るということは被除数がそのまま答になるということです。この2つを使って計算してみましょう（〔16－1〕）。

$\frac{3}{7}\div\frac{4}{5}$

割る数が1になるように被除数と除数に$\frac{5}{4}$を掛けます

$=(\frac{3}{7}\times\frac{5}{4})\div(\frac{4}{5}\times\frac{5}{4})$

$=(\frac{3}{7}\times\frac{5}{4})\div 1$

割る数が1だと、商は被除数と同じで、$A\div 1=A$ です

$=\frac{3}{7}\times\frac{5}{4}$

ですから、

$\frac{3}{7}\div\frac{4}{5}=\frac{3}{7}\times\frac{5}{4}$

逆数を掛けるのと同じことになります。

小数の割り算も、割り算の性質を使って計算しています。

$1.2\div 0.4$

$=(1.2\times 10)\div(0.4\times 10)$

$=12\div 4$

〔16－1〕

二　掛け算の逆と等式の性質を使う

割り算は、掛け算の逆の計算です。例えば48割る6の計算をするときには、六の段の九九で48になる数を探します。すなわち、割り算の答は掛け算で見付けているのです（〔16－2〕）。

> 48÷6の答を求めるとき、六の段の九九で48になる数を探して求めます。
>
> 6×□＝48
> この数を見付けて、
> 48÷6＝8
> としています。
>
> 筆算でもそうです。
>
> $6\overline{)\,4\;8}$
>
> 6に何を掛けたら48になるかと考えて六の段の九九で商を求めています。

〔16－2〕

同様に、「$\frac{3}{7}$割る$\frac{4}{5}$」を計算するときには、$\frac{4}{5}$に何を掛けたら$\frac{3}{7}$になるかと考えます（〔16－3〕）。

$\frac{3}{7}\div\frac{4}{5}$の答を求めるには、

$\frac{3}{7}\div\frac{4}{5}=A$

とすると、

$\frac{4}{5}\times A=\frac{3}{7}$

このAの値を求めることと同じです。

Aを$\frac{3}{7}\times\frac{5}{4}$にすると、

左辺も右辺も$\frac{3}{7}$になり等号が成立します。

$\frac{4}{5}\times(\frac{3}{7}\times\frac{5}{4})=\frac{3}{7}$

ですから、Aの値から、

$\frac{3}{7}\div\frac{4}{5}=\frac{3}{7}\times\frac{5}{4}$

となり、分数の割り算は除数の逆数を掛けた計算だと言えます。

〔16－3〕

三　通分と割り算の性質を使う

通分とは、2つ以上の分数の分母を同じ数にすることです。別の言い方をすると、単位分数を揃えることです。通分するときには、「分数の分母と分子に同じ数を掛けても、0でない同じ数で割っても、数の大きさは変わらない」という分数の性質を使います（〔16－4〕）。足し算や掛け算では、「交換法則」が成り立ちます。

$$\frac{3}{7}\div\frac{4}{5}$$

（通分する）

$$=\frac{3\times5}{7\times5}\div\frac{4\times7}{5\times7}$$

（被除数と除数に35を掛ける）

$$=\left(\frac{3\times5}{7\times5}\times35\right)\div\left(\frac{4\times7}{5\times7}\times35\right)$$

$$=(3\times5)\div(4\times7)$$

$$=\frac{3\times5}{4\times7}$$

（乗法の交換法則）

$$=\frac{3\times5}{7\times4}$$

$$=\frac{3}{7}\times\frac{5}{4}$$

ですから

$$\frac{3}{7}\div\frac{4}{5}=\frac{3}{7}\times\frac{5}{4}$$

加法の交換法則

$$A+B=B+A$$

乗法の交換法則

$$A\times B=B\times A$$

〔16－4〕

「交換法則」というのは、足し算や掛け算で、「被加数と加数、被乗数と乗数を入れ替えても和や積は変わらない」という性質です。

ここでは乗法の交換法則も使っています。

四　比の性質を使う

割り算は比で表すことができます。そこで、比の性質を使って、割り算の計算は、除数の逆数を掛ければよいということを説明します（〔16－5〕）。

$$\frac{3}{7}\div\frac{4}{5}$$

$$=\frac{3}{7}:\frac{4}{5}$$ （割り算を比で表す）

$$=\frac{3\times7\times5}{7}:\frac{4\times7\times5}{5}$$ （前項と後項に同じ数を掛ける）

$$=(3\times5):(4\times7)$$ （前項÷後項＝比の値）

$$=\frac{3\times5}{4\times7}$$

$$=\frac{3\times5}{7\times4}$$

$$=\frac{3}{7}\times\frac{5}{4}$$

ですから、割り算は除数の逆数を掛けても同じ値になるのです。

$$\frac{3}{7}\div\frac{4}{5}=\frac{3}{7}\times\frac{5}{4}$$

〔16－5〕

比の性質とは、「比の前項と後項に同じ数を掛けても、0でない同じ数で割っても、比の値は変わらない」というものです。比の値とは、比の前項を後項で割った値です。別の言い方をすると、後項を1としたときの前項の値です。

五　面積の割合を求める計算で考える（図を用いて解く）

$\frac{3}{7}$m²の塀を塗るのに、$\frac{4}{5}$dℓのペンキを使うものとして考えます。この割合で考えたときに、1dℓのペンキでは、何m²の塀が塗れるかを考えます（〔16－6〕）。

$\frac{4}{5}$dℓで$\frac{3}{7}$m²が塗れるのですから

1dℓ当たりで塗れる面積は、

$\frac{3}{7}\div\frac{4}{5}$(m²)です。

これを図で表します。

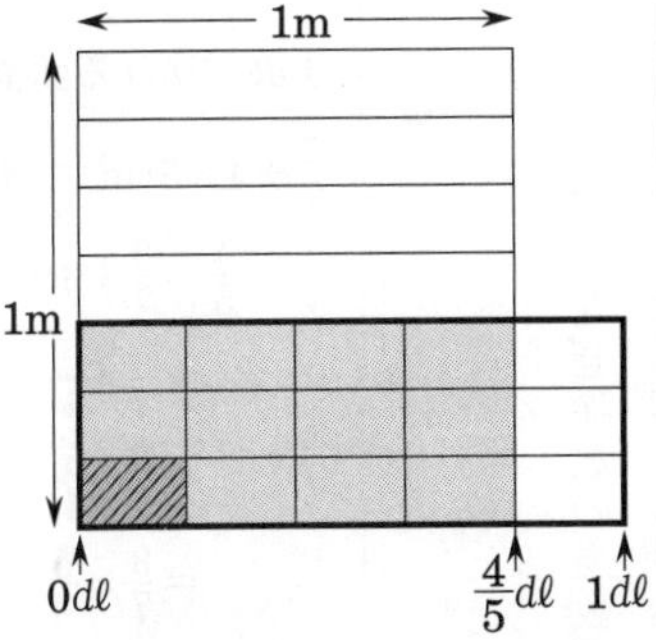

1m²を横に4等分、縦に7等分すると、▨の面積は、$\frac{1}{7\times4}$m²です。

$\frac{4}{5}$dℓで塗れる面積は■の面積です。

1dℓで塗れる面積は□の面積で、

$\frac{1}{7\times4}$m²が（3×5）個です。

$$\frac{3}{7}\div\frac{4}{5}=\frac{1}{7\times4}\times(3\times5)$$

$$=\frac{3\times5}{7\times4}=\frac{3}{7}\times\frac{5}{4}$$

〔16－6〕

六　割り算を割合として、1に当たる数を求める（対応する線分で考える）

ペンキを塗る面積と、それに使うペンキの量を「五　面積の割合を求める計算で考える」

と同じとして、分数の割り算はなぜ除数の逆数を掛けるのかを考えます（〔16−7〕）。

$\frac{3}{7}$ m²を塗るのに、ペンキを$\frac{4}{5}$ dℓ使うのですから、1 dℓでは4で割った$\frac{1}{5}$ dℓを5倍した量だけ塗れます。

それは、$\frac{3}{7}$ m²を4で割って5倍した面積です。

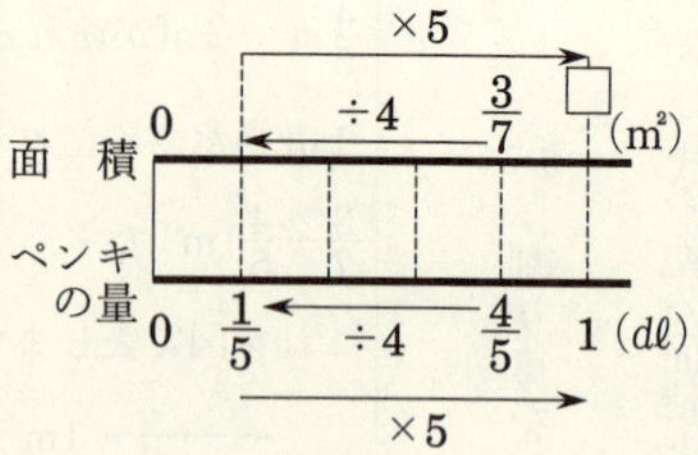

1 dℓで塗れる面積は、

$\frac{3}{7}\div 4\times 5$ (m²) です。

$$\frac{3}{7}\div\frac{4}{5}=\frac{3}{7}\div 4\times 5$$
$$=\frac{3}{7\times 4}\times 5$$
$$=\frac{3\times 5}{7\times 4}$$
$$=\frac{3}{7}\times\frac{5}{4}$$

ですから、

$$\frac{3}{7}\div\frac{4}{5}=\frac{3}{7}\times\frac{5}{4}$$

です。

〔16−7〕

このように、「分数の割り算はなぜ除数の逆数を掛けるのか」を説明するには、さまざまな方法があります。算数で答を導き出すときに使える考え方は1つだけではありません。

17　割　合——比較と基準

一　割合とは

割合という考え方は、倍、比、単位量当たりの大きさ、比例、百分率、歩合、率、縮尺、確率などに広く使われています。

割合で表す考えは、日常生活のなかでも意識するしないにかかわらず、たくさん使われています。例えば、「1枚50円の葉書を10枚買えば５００円になる」ということは、小学校の中学年にでもなればすぐに分かることですが、この中にも割合の考えが含まれています。

割合には大きく分けて2つあります。1つは包含関係にある2つの量の割合、すなわち、全体量と部分量の割合です。もう1つは2つの量がそれぞれ独立した同種の比的な2量の関係で、倍や比で表す割合です。いずれも比較量を基準量で割って割合を求めることは同じです。包含関係にある2量の割合は全体量が基準量となりますが、比的な2量の関係ではどちらを基準量にするかはそのときによります。いずれにしても割合の求め方は、（割合＝比較量÷基準量）で求めます。包含関係にある2量の割合の値は0と1の間ですが、比的な2量の割合の値は1より大きいことも、1より小さくなることもあります。

では、具体的に包含関係の割合と比で表す割合を見てみましょう。

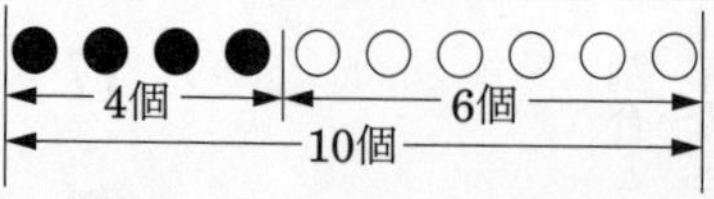

◎碁石全体の個数を基にすると、

黒石の割合$=\frac{4}{10}=\frac{2}{5}=0.4$

白石の割合$=\frac{6}{10}=\frac{3}{5}=0.6$

（黒石の割合）＋（白石の割合）＝1

◎白石の個数を基にすると、

黒石の割合$=4:6=\frac{4}{6}=\frac{2}{3}=0.666\cdots\cdots$

◎黒石の個数を基にすると、

白石の割合$=6:4=\frac{6}{4}=\frac{3}{2}=0.333\cdots\cdots$

〔17－1〕

黒い碁石が4個、白い碁石が6個あったとします（〔17－1〕）。黒石の個数の割合を見ると、碁石全体を基にした場合の黒石の割合と、白石を基にした場合の黒石の割合が考えられます。碁石全体を基にすると、黒石の割合は4÷(4＋6)で$\frac{2}{5}$（0.4）となります。部分（黒石）は全体（碁石全体）に包含されていますから、基になる量は全体です。ですから、白石の割合は$\frac{3}{5}$となり、黒石の割合と白石の割合の和は1になります。このような関係が包含関係にある2量の割合、または、部分と全体の関係にある2量の割合です。

これに対して、白石の個数を基にすると黒石の割合は、4対6で白石の$\frac{2}{3}$、小数で表すと0.666……になります。すなわちこのときは「黒石」対「白石」になっているので、比的関係にある割合です。

二 上手さ（うまさ）比べ

前述のように、割合は、比較量を基準量で割った値です（割合＝比較量÷基準量）。ここではまず、包含関係にある2つの量の割合を、「部分÷全体」として導いてみましょう。

子どもがバスケットのシュート練習をしていました。3人の子どもに聞いてみました。

りょう「僕は5本入ったんだよ」

さやか「私は6本入ったわ」

けんじ「僕は7本入ったよ」

この3人のなかで、一番多く入ったのは誰でしょう。当然けんじです。では、誰が一番上手だと言えるのでしょうか。3人の言葉だけでは分かりません。そこで、それぞれ何本投げ

	りょう	さやか	けんじ
入った数	5	6	7
投げた数	12	15	17

りょう　○×××○○×××○×○
さやか　×○○×××○×○×××○×○
けんじ　×○×○×○×○×○○××××○×

〔17－2〕

〈シュート1本当たりの成功の割合（成功率）〉

りょう$=\frac{5}{12}=0.417$

さやか$=\frac{6}{15}=\frac{2}{5}=0.4$

けんじ$=\frac{7}{17}=0.412$

〈1本成功させるのに投げた数〉

りょう$=\frac{12}{5}$本$=2.4$本

さやか$=\frac{15}{6}$本$=\frac{5}{2}$本$=2.5$本

けんじ$=\frac{17}{7}$本$=2.43$本

〔17－3〕

たか尋ねてみました。

りょう「僕は12本投げました」

さやか「私は15本よ」

けんじ「僕は17本投げたのさ」（〔17－2〕）

投げた数が同じなら、たくさん入った人が上手だと言えるのですが、投げた数が違えば、入った数だけでは比べられません。では、誰が一番上手だったのでしょうか。

うまさを比べるには、シュートした全体の数と、シュートの成功した数のどちらかを揃えて比べます（〔17－3〕）。「部分÷全体」で、投げたシュートのうち、シュートの入った割合が分かります。これはシュートの成功率です。投げた1本当たりのシュート成功率を比べると、りょうは$\frac{5}{12}$本、さやかは$\frac{6}{15}$本、約分して$\frac{2}{5}$本、けんじは$\frac{7}{17}$本です。これを小数で表すと、りょうは0.417、さやかは0.4、けんじは0.412です。シュート1本当たりの成功率から見ると、りょうが一番高いことが分かります。

一方、1本成功させるのに何本のシュートをしたかという割合で見ると、りょうは$\frac{12}{5}$本、さやかは$\frac{5}{2}$本、けんじは$\frac{17}{7}$本です。小数で表すと、りょうは2.4、さやかは2.5、けんじは2.43です。これで見ても、りょうが一番少ない本数で成功していることが分かります。

三　割合の表し方

2つの量の割合は、「割合＝比較量÷基準量」という式で求めますが、その値は、分数や小数になります。その値の表し方としては、小数、分数、百分率、歩合、倍、比、比の値などがあります。「比較量」というのは、「比べる量」「割合に当たる量」「部分」などと言いかえることができます。「基準量」というのは「比べられる量」「基にする量」「基になる量」「全体」などと言うことができます。包含関係にある2つの量では「基にする量」や「全体」のほうが、「比較する量」や「部分」より大きいので、「比較量÷基準量」は1以下になります。１以下ですから、小数か分数で表します。
この割合を、全体量を1ではなく１００とした表し方が百分率です。「0.15の割合で砂糖の入っている水」というより「15%の砂糖水」と百分率で言うほうが分かりやすいとは思いませんか。割合を１００倍するということは、基にする量（全体）を１００とするということです。

百分率で示す場合は、百分率であることが分かるように「%」を付けます。43.5%などと小数で表した「%」もありますが、基になる割合の値が１００であることには変わりありません。

また割合を、全体量を10とした表し方が、日本古来の割・分《ぶ》・厘《りん》・毛《もう》で表す歩合です。全体を10割として「２割増しです」とか「１割引きです」などと言うときは歩合を使っています。「値段を下げる割合は0.15です」と言うより「１割5分引きです」と整数を使うと、簡単に分かりやすく言うことができます。ただし、百分率も歩合も、計算をするときには、小数や分数に直して計算します。

割合を比の形で表すこともできます。3：5などと（比較量：基準量）で表し、比の値は前項を後項で割った値になります。

四　濃　度

濃度とは、濃さのことです。例えば砂糖水の濃さというと、砂糖水の中に溶けている砂糖の全体（砂糖水）に対する割合のことです。砂糖の割合が大きければその砂糖水は甘いし、砂糖の割合が小さければ甘さが少ないのです。溶液の濃度というのは、その溶液に溶けているものの、全体（水＋砂糖）に対する割合のことです。次の問題を見てみましょう。

問題　６％の食塩水３００ｇと、10％の食塩水２００ｇを混ぜると、何％の食塩水になるでしょうか。

６％の食塩水３００ｇというのは、食塩水３００ｇを１００とすると、食塩の割合が６だということです。すなわち、食塩水３００ｇを１とすると、食塩の割合は0.06になります。ですから、食塩の量は、300×0.06＝18で18ｇです。

同じように、10％の食塩水２００ｇの中には、食塩が200×0.1＝20で20ｇあります。

６％の食塩水３００ｇと10％の食塩水２００ｇを混ぜると、食塩水全体は300＋200＝500

で５００ｇです。食塩の量は、18＋20＝38で38ｇです。

食塩水５００ｇの中に食塩が38ｇですから、食塩水５００ｇの中の食塩の割合は38÷500＝0.076で7.6％の食塩水となります。

式にすると〔17－４〕のようになります。ここで大事なことは、「割合」は、足しても意味がないということです。６％の食塩水と10％の食塩水を足しても16％の食塩水にはならないということです。薄い食塩水をそれより濃い食塩水に混ぜても、それ以上に濃い食塩水になるということはありません。２種類の濃さの食塩水を合わせた食塩水の濃度を知るにはそれぞれの食塩水に含まれている食塩の量を合わせて、全体の食塩水の量で割って求めます。

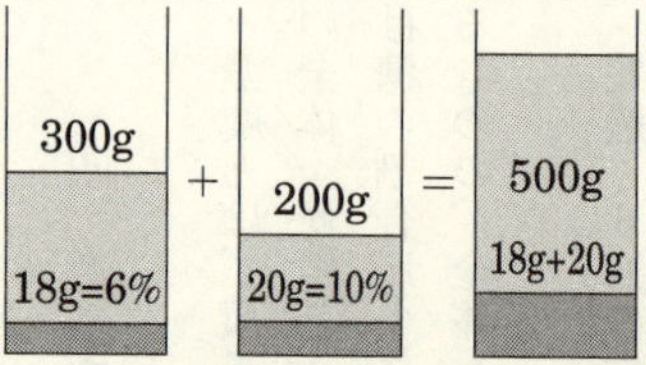

食塩　食塩水　割合

18＝300（g）×0.06（6％）

20＝200（g）×0.1（10％）

＋）

38÷500（g）＝0.076（7.6％）

〔17－４〕

問題　12％の砂糖水が５００ｇあります。この砂糖水を煮詰めて15％の砂糖水にするには、何ｇの水を蒸発させたらよいでしょうか。

砂糖　　砂糖水　割合
60（g）＝500（g）×0.12〔12％〕

砂糖　　割合　砂糖水
60（g）÷0.15＝400（g）

水の蒸発
500（g）－400（g）＝100（g）

答　100gの水を蒸発させる

〔17－5〕

12％の砂糖水500gの中の砂糖の量は500×0.12＝60で60gです。砂糖水を煮詰めても、水は蒸発しますが、砂糖の量は変わりません。煮詰めて減るのは水分だけなので、砂糖と水を合わせた砂糖水は減って、砂糖の量は減りません。ですから、その砂糖の砂糖水に対する割合が多くなります。15％になるのは、砂糖水（全体）が何gになったときか、〔17－5〕のように計算します。

五　打　率

「率」というのも「割合」です。

「打率＝安打（比較量）÷打数（基準量）」

野球で5回バッターボックスに立って、3回ヒットを打ち、2回凡打であれば、打率は3÷5＝0.6で6割です。安打（ヒット）と打数（打った数全体）とは包含関係にある2つの量ですから、部分（安打数）は全体（打数全体）以下です。その割合は０と１の間で表されます。

六　１より大きい割合

「お盆の帰省ラッシュで、乗車率１５０％の混雑です」などという新聞記事などを見かけます。乗車率というのは、１両の電車の定員数に対する乗客の人数の割合で表されます。電車が混《こ》んで定員数以上に乗っていると乗車率（混み具合）は１より大きくなります。

定員１４４人の電車に乗客が36人しか乗っていなければ、36÷144＝0.25で25％の乗車率で空《す》いていますが、乗客が２１６人だとすれば、216÷144＝1.5で１５０％の乗車率で混んでいるということになります。この割合は比較量が基準量より大きいので、割合が１より大きくなります。

お店の売値も仕入れ値より高くならないと商売ができません。

問題　２０００円で仕入れたセーターを２５００円の定価を付けて売りました。定価は仕入れ値の何倍ですか。

何倍ですかと尋ねていますが、これも割合を尋ねています。定価は仕入れ値を基にすると、(2500÷2000＝1.25）で、定価は仕入れ値の1.25倍です。定価は仕入れ値の１２５％などとも言います。

七　割合の三用法

割合は、比較量÷基準量で求められます。これを「割合の第一用法」と言います。比較量を求めるなら、基準量×割合で求められます。これを「割合の第二用法」といいます。基準量を求めるなら、比較量÷割合で求めます。これは「割合の第三用法」です。第一用法から第三用法までを順に見てみましょう（〔17－6〕）。

①　第一用法の問題

問題　この組の男子は24人で女子は16人です。クラスの男子の人数はクラス全体の人数の何％ですか。

求めるのは男子の人数の割合です。比較量が男子の人数で、基準量がクラスの人数です。クラスの人数は、男子生徒と女子生徒を合わせた人数です。

② 第二用法の問題

問題 あき子さんは１２５０円持っていてその$\frac{2}{5}$だけ使いました。使ったお金はいくらでしたか。

１２５０円が基準量の持っていた金額で、割合が$\frac{2}{5}$ですから基準量と割合を掛けた数があき子さんの使った金額です。

①第一用法の問題

$24 \div (24+16)$

$= 24 \div 40$

$= 0.6$

$0.6 \times 100 = 60$

答　60%

②第二用法の問題

$1250 \times \frac{2}{5} = 500$

答　500円

③第三用法の問題

$120 \div \frac{2}{5} = 300$

答　300ページ

〔17－6〕

③ 第三用法の問題

問題 本を１２０ページ読みました。これは本全体の$\frac{2}{5}$に当たります。この本は何ページの本ですか。

120ページが比較量で、割合が$\frac{2}{5}$です。比較量で割合を割った数が基準量です。

八　比と比の値

2つの数量AとBで、AのBに対する割合を$A:B$で表したものを**比**といい、$A:B$を「A対B」と読みます。そして、Aを**前項**、Bを**後項**と言います。Aは比較量で、Bは基準量です。また、比の前項を後項で割った商を**比の値**と言います。比の値が等しいとき、それらの比は等しいと言います。

〔比の性質〕

$A:B=A\times C:B\times C$

比の前項と後項に0でない同じ数を掛けても、0でない同じ数で割っても、比の値は変わりません。

$A:B=C:D$ のとき、

$B\times C=A\times D$

比例式では、内項の積と外項の積は等しいです。

これは、$\frac{A}{B}=\frac{C}{D}$のとき、

等式の両辺にBDを掛けて

$A\times D=C\times B$ とするのに似ています。

〔17－7〕

比には次のような性質があります。

「比の前項と後項に0でない同じ数を掛けても、0でない同じ数で割っても、比の値は変わらない」

$A:B$の比の値と$C:D$の比の値が等しいとき、これを等号で結んだ$A:B=C:D$の式を**比例式**と言います。「比例式では内項の積と外項

の積は等しい」という性質があります。

比例式 $A:B=C:D$ で、A、B、C、Dのうちの３つの文字の値が分かっていて、残りの１つの文字の値を求めることを、「比例式を解く」と言います。

３つ以上の数量の比（$A:B:C$）を**連比**と言います。連比の各項に０でない同じ数を掛けても、割ってもその連比は変わりません。

九　比例配分

ある数量を一定の比に分けるには、その比の和を分母にした比を掛けてそれぞれの値を求めます。ある数量を一定の比に分ける方法を**比例配分**と言います。

例えば２４００円を兄弟2人で5：3に比例配分するとします（〔17－8〕）。この場合、２４００円を5：3に分けるのですから、5＋3を分母にした $\frac{5}{8}$ と、$\frac{3}{8}$ を２４００に掛けます。兄は $2400\times\frac{5}{5+3}=1500$ で１５００円、弟は $2400\times\frac{3}{5+3}=900$ で９００円になります。

兄弟２人で2400円を５：３に分ける場合

2400円の $\frac{5}{5+3}$　2400円の $\frac{3}{5+3}$

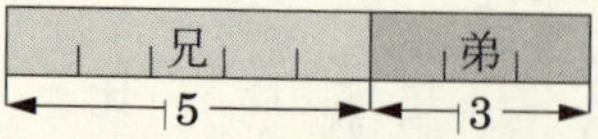

兄　$2400\times\frac{5}{5+3}=1500$

弟　$2400\times\frac{3}{5+3}=900$

答　兄1500円　弟900円

〔17－8〕

18　単位量当たりの大きさ——平均・速さ

一　平均

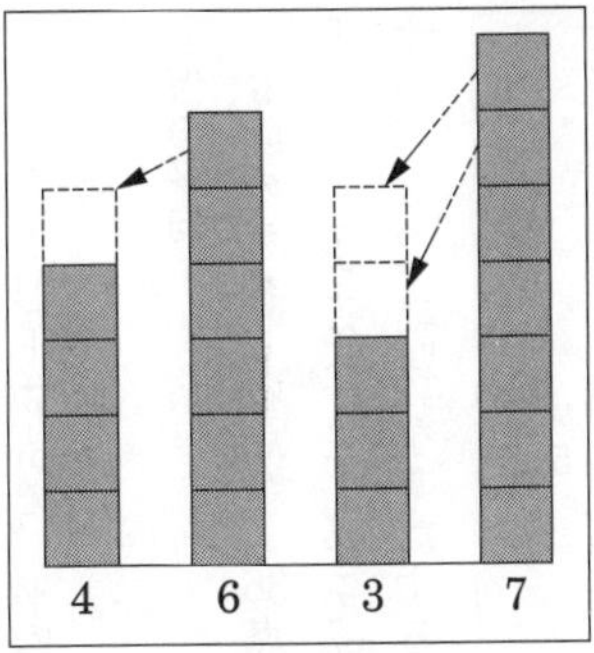

〔18－1〕

平均とは、「平らに均《なら》す」という意味です。例えばでこぼこしている積み木の高さを揃えることです。〔18－1〕の積み木は、左から4個、6個、3個、7個と積まれています。この高さを揃えるには、6個のうちの1個を4個の上に移し、7個のうちの2個を3個の上に移すと、どれも5個で揃います。4個と6個と3個と7個の平均は5個です。

平均は、「総数÷分類数」で求めます。この場合なら、

(4＋6＋3＋7)÷4＝5で、平均は5個です。

仮の平均

5回のテストの点が、86点、90点、72点、68点、84点だったとします。平均点は、(86＋90＋72＋68＋84)÷5＝80で80点です。このように、総点を回数で割れば平均点は出るのですが、もっと計算を楽にする方法があります。それは仮の平均点を考えることです（〔18－

ふつうに平均点を求めます。

(86＋90＋72＋68＋84)÷5
＝400÷5
＝80

仮の平均点を60点として求めます。

60＋(26＋30＋12＋8＋24)÷5
＝60＋100÷5
＝60＋20
＝80

仮の平均点を70点として求めます。
（仮の平均点が70点ですから、68点は2点低いので、－2点として2点引きます）

70＋(16＋20＋2－2＋14)÷5
＝70＋50÷5
＝70＋10
＝80

仮の平均点を75点として求めます。

75＋(11＋15－3－7＋9)÷5
＝75＋25÷5
＝75＋5
＝80

仮の平均点を使ったほうが途中の計算は楽です。

〔18－2〕

2」)。一番低い点が68点なので、仮の平均点を60点とします。そしてそれぞれの点が仮の平均点より何点多いか調べます。するとそれぞれ、26点、30点、12点、8点、24点多いので、(26＋30＋12＋8＋24)÷5＝20で、60点との差の平均点が20点となります。ですから正しい平均点は60点より20点多い80点となることが分かります。このように仮の平均を決めて平均を求めると、簡単な計算で求められます。

仮の平均点を使うときには、最低点より低い点を仮の平均点にしておかないと、マイナスの計算になりますから、注意が必要です。

二　単位量当たりの大きさ

「三社祭《さんじゃまつり》で浅草《あさくさ》の街は混雑しているなぁ」、「今日は月曜日だというのに、電車はがらがらだったよ」、「えっ、僕の乗った電車はぎゅうぎゅうだったよ」

この「混雑」「がらがら」「ぎゅうぎゅう」というのはどのくらいの大きさなのでしょうか。「街の混雑」と「電車のぎゅうぎゅう」ではどちらが混んでいるのでしょうか。

「あの車、のろのろ走っているなぁ」、「あの自転車はずいぶん速いな」、「あの川はずいぶん急流だな」

この「のろのろ」「速いな」「急流」は、どれが速くてどれが遅いのでしょうか。この「混み具合」や「速さ」の大小は、今までの体験から何となく相対的に感じ取れる量ですが、この量を比べられるように数値化することが、「単位量当たりの大きさ」の学習の狙《ねら》いです。

国や都市の混み具合は、1平方キロメートル当たり何人が住んでいるかという「人口密度」で比べています。「8平方メートルの畑から6キログラムの芋が穫れたよ」などという「穫れ具合」、「このノートは6冊で500円です。安いでしょう」などという「安さ」も「単価」を基にして比べます。この「混み具合」や「速さ」は、人数と広さ、距離と時間という異なる2種類の量の関係で生まれる新しい量です。「人口密度」「穫れ具合」「単価」などのような量も「単位量当たりの大きさ」として比べれば、大きさが分かります。

街の混雑は（人数÷広さ）、速さは（道のり÷時間）、人口密度は（人数÷km^2）、芋の穫れ具合は（収穫量÷面積）、ノートの単価は（値段÷冊数）で表します。すなわち、街の混雑は広さを単位量とした人数で、速さは時間を単位量とした道のりで、人口密度は1平方キロメートルを単位量とした人数で、芋の穫れ具合は1平方メートル当たりの穫れ高で、ノートの単価は冊数を単位量とした値段で比べることが出来ます。

このように、人数と広さ、道のりと時間などのように2つの量がかかわっている量を比較するときには、どちらか一方の量を単位量として数値化して比較すればよいのです。どちらか一方の量を単位量にすれば比較はできるので、混雑は人数を基にした広さで比べてもよく、ノートの単価も値段を基にした冊数でも比較はできますが、冊数が小数になったり、数値の大きいほうの量が小さいと感じるようになるので、どちらを単位量にしたほうが良いかが決まってくると思います。

〔面積を単位に〕

A　30÷50＝0.6人／㎡

B　70÷120＝0.5833人／㎡

〔人数を単位に〕

A　50÷30＝1.6㎡／人

B　120÷70＝1.7142㎡／人

〔18－3〕

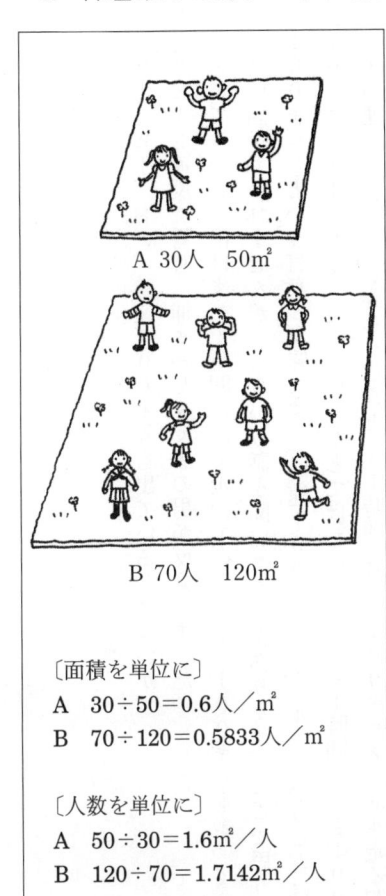

三　速さ

「ピー、ピー、おい、時速100キロも出ているじゃないか」

スピード違反で警官に捕まった違反者の男が反論しました。

「とんでもない、僕はまだ1時間なんて走っていないし、100キロも走っていませんよ」

笑い話かもしれませんが、こういう話を聞いたことがあります。ここで思うのは、「時速100キロ」という言葉の意味です。「時速100キロメートル」ということは、「1時間に100キロメートル走った」ということではないのです。「1時間に付き100キロメートル走る速さ」、もう少し詳しく言うと、「1時間に付き100キロメートル走る割合の速さ」ということです。


2人の人が、どちらが速いかを比べるとき、直接2人が「ヨーイ、ドン」と同時に走って比べる以外に、次の2通りの方法があります。

1つは、50mなどと距離を決めておいてどちらが短い時間で走ったか、もう1つは5分間などと時間を決めておいて、どちらが遠くまで走れたかということです。

すなわち、速さには、道のりを一定にして時間で比べる場合と、時間を一定にして道のりで比べる場合があります。「50ｍを8秒で走る」というような小学校の走力測定は前者で、時速や分速の表示は後者です。

そして、時速何キロや分速何メートルなどと言うときの速さは、平均速度を言っているのです。乗り物や人間はいつでも同じスピードで走っているわけではありません。駅や信号で止まったりもします。そこで小学生に速さを教えるときには、「電車や自動車の速さは、いつも同じではありません。そこで、平均して1時間当たり何キロメートルというようにして、速さを表します」として、〔18－4〕のような式と一緒に「1時間当たりの速さを時速と言います」と教えます。続いて「1分間当たりの速さを分速」「1秒間当たりの速さを秒速」と教えます。

速さ＝道のり÷時間
道のり＝速さ×時間
時間＝道のり÷速さ

〔18－4〕

そして、子どもには速さに興味を持つように、「動物の中で走るのが一番速いと言われているチーターの時速は約100キロですよ」とか、「ツバメの飛ぶ速さは、約170キロメートルだそうですよ」など、子どもの様子を見ながら話しています。

19　簡単な単位換算

いろいろなものの大きさを調べるとき、ある一定のものを基準にして、その何倍であるかと考えることを計量と言い、基準にした量を単位と言います。ものの大きさは単位のいくつ分かで表していますが、その「いくつ分」が大きくなり過ぎたり、小さくなり過ぎたりすることがあります。そのたびに新しい単位（10倍したり$\frac{1}{10}$倍した単位）を作ってきました。

一　長さの単位

長さの単位のはじめは、自分の体の部分を基にして決めたと思われます。キュビット（cubit）は肘《ひじ》から中指の先端までの長さですし、フィート（feet, foot）は足の長さからきています。「十束《とつか》の矢」などと言うときに使われた「束《つか》」は指4本分の幅、「尋《ひろ》」は左右に広げた両手の指先間の長さから出来た単位です。

でも、これだと人によって長さが違います。アバウトです。そこで、みんなが納得するものを単位にしようということから、イギリス国王のヘンリー一世の鼻の先からまっすぐ伸ばした手の親指の先までを1ヤードとしたり、1人だと個人差があるので、16人の足のつま先から踵《かかと》までを合わせた長さを1ルーテとしたりと考えました。でも、計測のたびに王様にお出掛けいただいたり、16人を集めて並ばせるのも大変だったと思います。すると何か簡単で共通の単位を作ろうとするのは、どこの国でも考えることです。日本では一文銭の直径で測ったりもしました。プロレスリングのジャイアント馬場選手の「十六文キック」や、昔の足袋《たび》の大きさを何文などと言ったのも、単位に「文《もん》」が使われたことを表しています。外国では麦の長さから単位を決めたりもしました。

やがて、共通の単位の必要性から、地域的な単位ができました。日本では尺貫法による尺、寸なども決められました。やがてフランスが中心となり、メートル法が採用されました。

1メートルの長さは、地球の北極点から赤道までの長さの1000万分の1としました。そして、フランスにメートル原器を置き、メートル法に参加した国には副原器が置かれました。しかし、人工的な物は変化したり破損したりするおそれがあるということから、1960年からは、クリプトン86という原子の波長を基にした長さに切り替えられました。

二　算数で習う単位

算数で習う長さの単位は、m、㎝、㎜、㎞の4種類です。キロ（k）というのは1000倍を表し、1㎞は1mの1000倍＝1000mです。センチ（c）というのは100分の1倍、1㎝は$\frac{1}{100}$mを表し、ミリ（m）というのは1000分の1倍、1㎜は$\frac{1}{1000}$mを表します。他の単位についても見てみましょう。

算数で習う重さの単位は、kg、g、mg、t（トン）です。

面積の単位は、㎡（平方メートル）、㎢、㎠、㎟、a（アール）、ha（ヘクタール）です。

体積・容積の単位は、㎥（立方メートル）、㎤、㎣、cc（シーシー）、ℓ、dℓ、mℓです。

三　長さの単位の変換

このように、小学校では長さや面積、体積について、それぞれ4つから7つの単位を習います。しかし、それぞれの単位の関係が混乱している人も少なくありません。そこで、k、c、mの意味を利用して、それぞれの単位の変換表を作ってみました。最初は長さの単位の変換をしてみましょう。

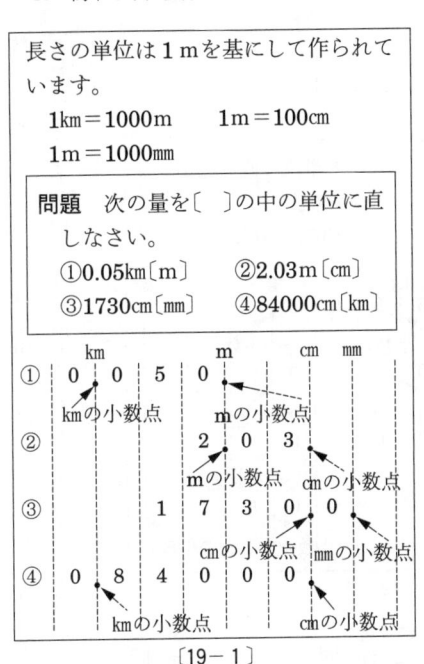

まず、位取りが分かるように桁ごとに線を引き、真ん中にｍの単位を書きます。ｋは1000倍を示すのでｍの3桁左の線に㎞を記入します。同様に㎝はｍの2桁右に、㎜はｍの3桁右に単位を書きます。これで変換表が出来ました（〔19－1〕）。

使い方は簡単です。問題①の0.05㎞は単位が㎞なので、小数点を㎞の線に揃えて1桁ずつ

長さの単位は1ｍを基にして作られています。

1㎞＝1000ｍ　　1ｍ＝100㎝

1ｍ＝1000㎜

問題　次の量を〔　〕の中の単位に直しなさい。

①0.05㎞〔ｍ〕　②2.03ｍ〔㎝〕

③1730㎝〔㎜〕　④84000㎝〔㎞〕

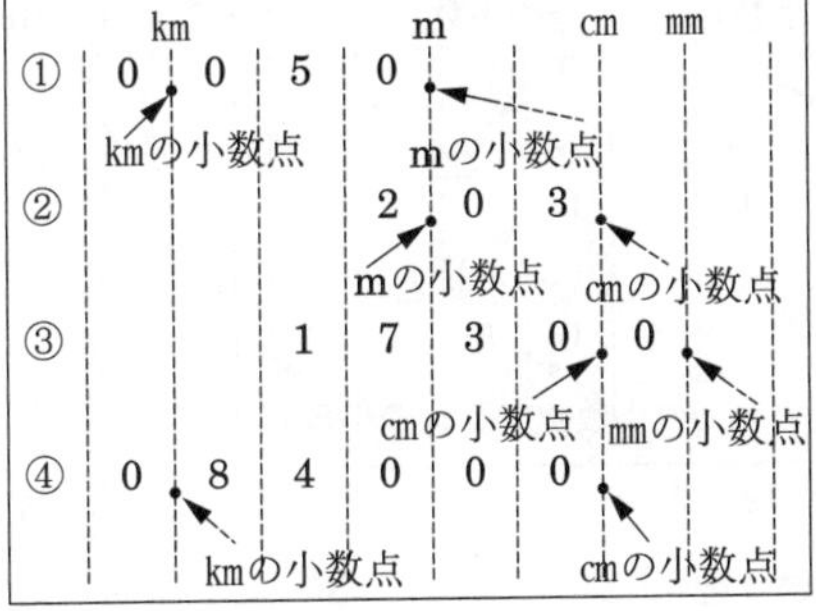

〔19－1〕

数字を記入します。これをmに変換してみましょう。mの基準線は0.050の右端にあります。これは0.050の末尾の0がmの一の位にあることを示します。つまり、50 mということになります。

重さの単位

1t＝1000kg　　1kg＝1000g

1g＝1000mg

問題　次の量を〔　〕の中の単位に直しなさい。

①5.805kg〔g〕　　②750g〔kg〕

③0.02t〔g〕　　④40.5g〔mg〕

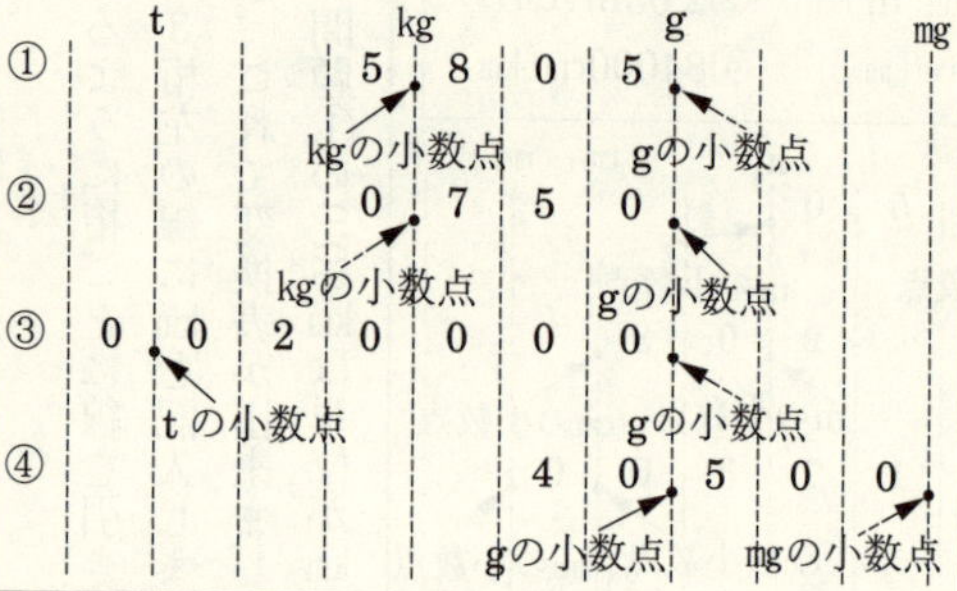

〔19－2〕

同様にして、問題②の2.03 mは２０3 cmだとすぐ分かります。

四　重さの単位の変換

同じように、重さについても変換表を作ってみましょう（〔19－2〕）。tはkgの１０００倍です。

五　面積の単位の変換

今度は面積の変換表を作ってみましょう（〔19－3〕）。ここで注意が必要

面積の単位

1㎟……1辺が1㎜の正方形と同じ面積
1㎠……1辺が1㎝の正方形と同じ面積
1㎡……1辺が1mの正方形と同じ面積
1a ……1辺が10mの正方形と同じ面積
1ha……1辺が100mの正方形と同じ面積
1㎢……1辺が1㎞の正方形と同じ面積

1㎢＝1000000㎡　　1㎡＝10000㎠
1㎠＝100㎟　　1㎢＝100ha
1ha＝100a　　1a＝100㎡

問題　次の量を〔　〕の中の単位に直しなさい。
①0.5a〔㎡〕　②830000㎡〔ha〕
③470㎠〔㎟〕　④60.4㎡〔㎠〕

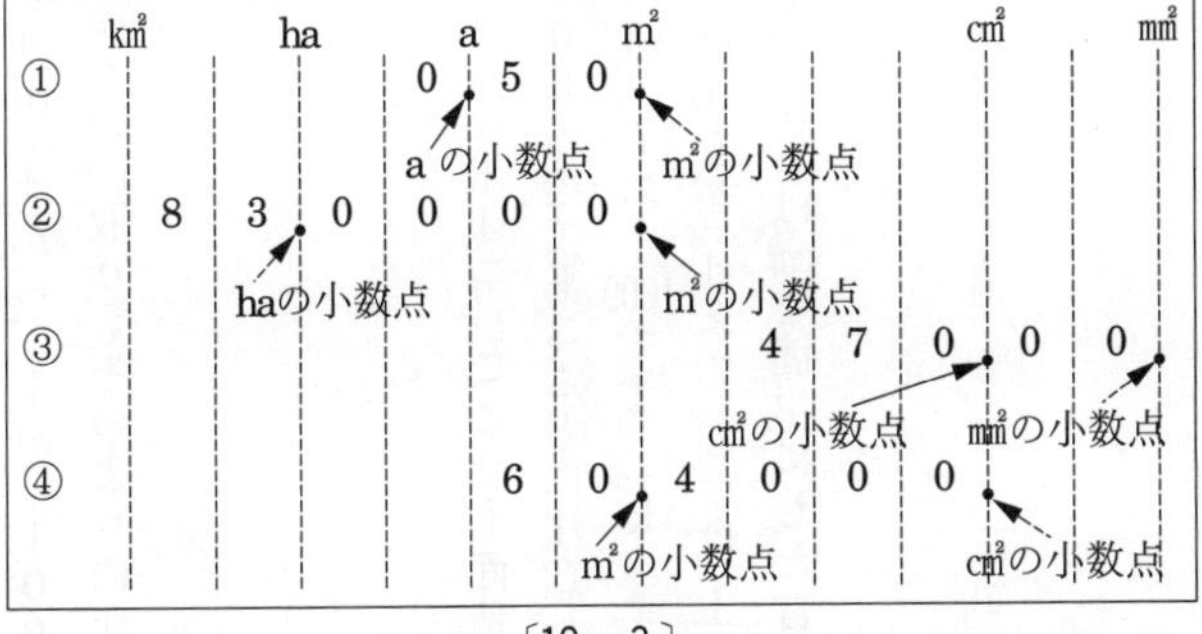

〔19－3〕

なことは、１㎢は縦に１０００ｍ、横に１０００ｍですから、１㎡の１０００倍ではなく、1000×1000＝１００万倍であることです。変換表の位取りもそのように作る必要があります。

六　体積・容積の単位の変換

最後に、体積・容積の変換表を作りましょう（〔19－4〕）。ここでも面積と同様、１㎥は１㎤の１００倍ではなく、100×100×100＝１００万倍であることに注意して表を作ります。

容積のkℓはℓの１０００倍、dℓはℓの$\frac{1}{10}$、mℓはℓの$\frac{1}{1000}$です。「k（キロ）」は１０００を、「h（ヘクト）」は１００倍、「D（デカ）」は10を、「d（デシ）」は$\frac{1}{10}$を、「c（センチ）」は$\frac{1}{100}$を、「m（ミリ）」は$\frac{1}{1000}$を表します。ccとは㎤を簡単にした言い方でキュービックセンチメートルのことです。

体積・容積の単位

1㎤……１辺が１㎝の立方形と同じ体積

1㎥……１辺が１ｍの立方形と同じ体積

１ℓ……１辺が10㎝の立方形と同じ体積

1㎥＝1000000㎤　1㎤＝1000㎣

1㎤＝1cc＝1mℓ　1kℓ＝1㎥＝1000ℓ

1dℓ＝100㎤＝100mℓ

１ℓ＝1000㎤＝10dℓ＝1000mℓ

問題　次の量を〔　〕の中の単位に直しなさい。

①23.4㎤〔dℓ〕　②1.5ℓ〔㎤〕

③18ℓ〔mℓ〕　④6.4㎥〔㎤〕

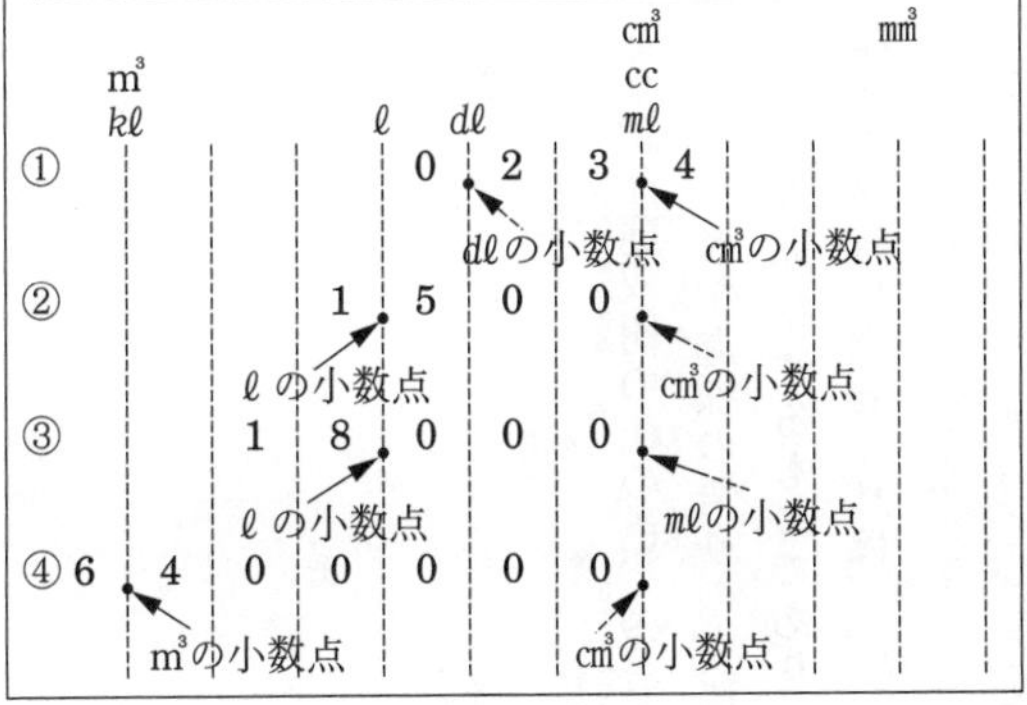

〔19－４〕

20 変化とグラフ

一　変化と関数

「祇園精舎《ぎおんしょうじゃ》の鐘の声、諸行無常《しょぎょうむじょう》の響きあり、沙羅《しゃら》双樹《そうじゅ》の花の色、盛者必衰《じょうしゃひっすい》の理《ことわり》を表す」

これは『平家物語』の書き出しの部分です。お釈迦《しゃか》様の悟りの中に、「人生は諸行無常」ということがあるそうです。すなわち、「人生は変化するものであり一定ではない」とおっしゃっているのだと思います。児童・生徒の教育に携わる私は、「駄目な子どもはいない」という信念を持っています。子どもは成長の仕方で変わるもので、この「諸行無常」という言葉が好きなのです。この「変化」ということを数学で扱っている分野が「関数」ではないかと思います。

関数というのは、簡単に言うと「一方の数量が決まれば、それに伴ってもう一方の数量も決まる」という関係です。中学校では「一次関数」、高校では「二次関数」「分数関数」「指数関数」、変化の割合から「微分」「積分」「対数関数」と、どんどん対象が広がって変化の様子を学びますが、小学校の算数では「関数の考え」として、数量の関係を扱うことになっています。

小学校の「数量関係」の分野は、「関数の考え」「式表示と式の読解」「統計的な処理」が主な内容になっています。

それでは「関数の考え」とは何でしょうか。文部科学省の指導要領解説には、「数量や図形について取り扱う際に、それらの変化や対応の規則性に着目して問題を解決していく考えです。小学校の算数では、関数についての知識や技能そのものを指導することがねらいではありません。関数の考えによって、数量や図形についての内容や方法をよりよく理解したり、それらを活用したりできるようにすることが大切なねらいです」と書かれています。

二　グラフ

関数について説明する前に、グラフのことを説明しましょう。グラフとは数量を視覚化して見せるものです。グラフに表すと、数の変化や割合を直感的に見て取ることができます。

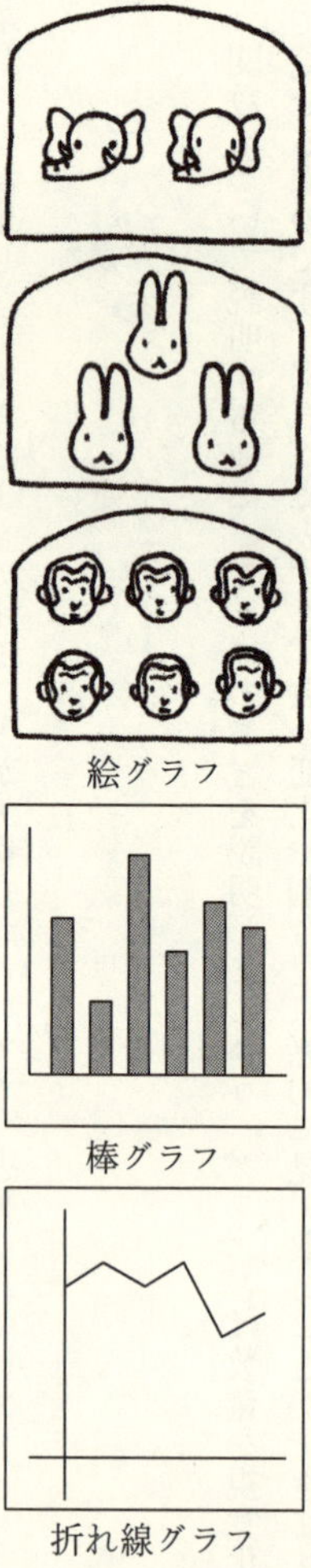

〔20－1〕

グラフは大きく分けると、「統計グラフ」と「関数グラフ」があります。統計グラフには、「絵グラフ」「棒グラフ」「折れ線グラフ」「円グラフ」「帯グラフ」「正方形グラフ」などがあります。それぞれのグラフによって、何を表すかは変わってきます。

「統計グラフ」

絵グラフは、絵の大きさや絵の数の多さでその絵の表す量の大きさを示すもので、最も初歩的なグラフです。

棒グラフは、いろいろな量の大きさを、棒の長さで表したものです。各量の差を見るのに都合がよいグラフです。

折れ線グラフは、棒グラフの先端を折れ線で結んだようなもので、時間の変化に伴って変わる量の変化を表すのに適しています。

円グラフは、円全体を１００％とみて、各部分の割合をこの円の扇形の面積で表したものです。このグラフは、それぞれの部分の割合を見るのに適しています。

帯グラフは、帯状の細長い長方形をいくつかに区切り、その面積でそれぞれの大きさを表すグラフです。このグラフも円グラフのように、全体と部分や、部分と部分の割合を見るのに適しています。

正方形グラフは、１つの正方形を縦横に10等分して１００のますを作り、小さな１つの正方形を１％とみて、それぞれの部分の割合を太線で区切って作るグラフです。このグラフも割合を表すのに使います。

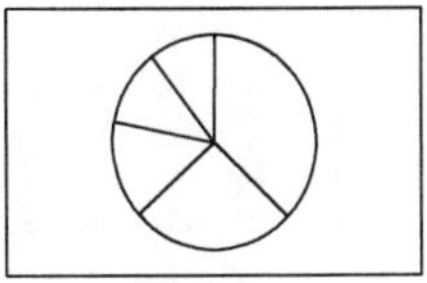
円グラフ

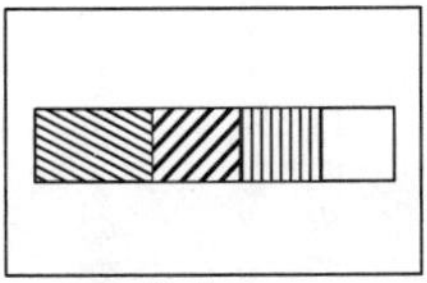
帯グラフ

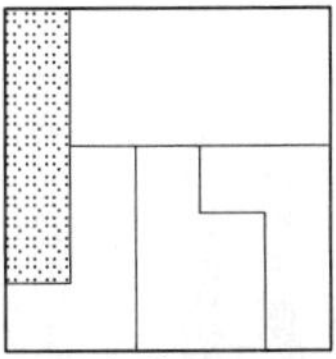
正方形グラフ

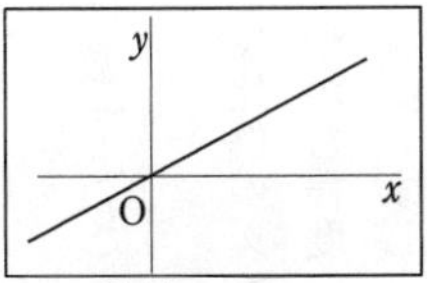

比例のグラフ

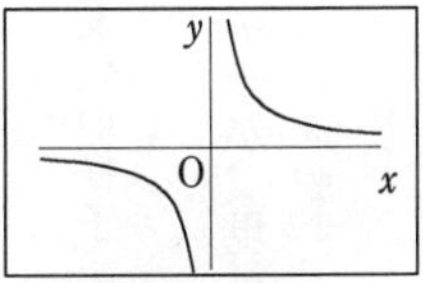

反比例のグラフ

〔20－２〕

「関数グラフ」

関数グラフは、変数 x の変化に伴って変化する関数 $y=f(x)$ の変化の様子を視覚的に図示したものです。

小学校で学習する関数グラフは、正の数の比例と反比例のグラフですが、現行の教科書では、反比例のグラフは曲線ではなく折れ線で概形をつかむ程度になっています。それでは次の章で関数の考え方、変化の関係についてくわしく説明しましょう。

21　比例と反比例

一　伴って変わる2つの量

ある数量が変化するとき、それに伴って別の数量が変化することがたくさんあります。例えば、１杯１５０円のイカを４杯買うとその代金は６００円です。イカの数が１杯から４杯に変わると、それに伴ってイカの代金が１５０円から６００円に変わります。イカの数量が決まるとイカの代金が決まります。このような場合、イカの代金は、イカの数量に依存していると言います。このようなとき、２つの数量の関係は依存関係にあると言います。２つの数量が依存関係にあるとき、そこにある決まりを見付け出すことは大切なことです。

決まりがはっきりすると、いつでも対応する数量の関係が分かるので、見通しを持って物事を数理的に処理することができます。

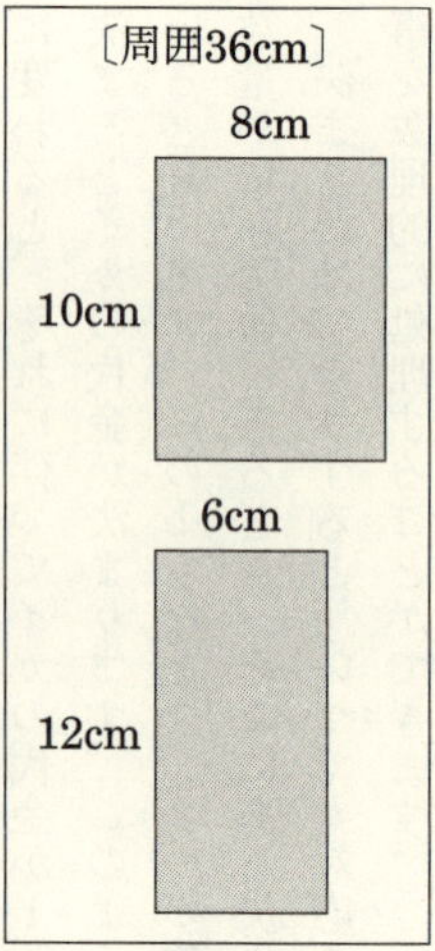

〔21－1〕

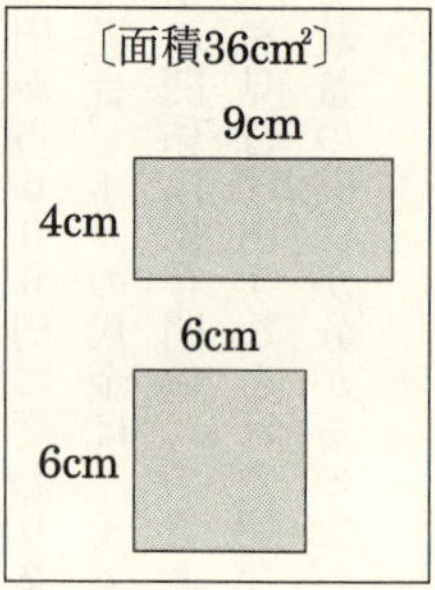

〔21－2〕

そこで、２つの変量の変わり方の関係をいくつか見てみましょう。

（ア）「周囲が同じ長さの長方形では、縦の長さと横の長さの関係はどんな関係でしょうか」

例えば、周囲が36㎝の長方形で、縦の長さを10㎝とすると、横の長さは８㎝ですし、縦の長さが12㎝なら、横の長さは６㎝です。この縦の長さの数量と横の長さの数量の関係は、和が一定の関係です。

（イ）「面積が同じ広さの長方形では、縦の長さと横の長さの関係はどんな関係でしょうか」

例えば、面積が36㎠の長方形で、縦の長さを４㎝とすると、横の長さは９㎝ですし、縦の長さを６㎝とすると横の長さも６㎝です。この縦の長さの数量と横の長さの数量の関係は、積が一定の関係で、反比例の関係です。

（ウ）「兄と弟の年齢の関係は、どんな関係でしょうか」

例えば、今年兄が15歳で弟が8歳だとすると、3年後は、兄が18歳で、弟は11歳です。兄と弟の年齢の関係は、差が一定の関係です。

（エ）「一定の速さで走る車の走った時間と走った道のりの関係は、どんな関係ですか」

例えば、時速１００㎞で高速道路を走っている車が、0.5時間走ったら、走った道のりは50㎞です。一定の速さで走っている車の時間と走った道のりとの関係は商が一定の関係、すなわち、比例の関係です。

さらに言えば、（ア）と（イ）は一方の量が増えると、もう一方の量が減る関係であり、（ウ）と（エ）は一方の量が増えると、もう一方の量も増えるという関係です。そして、（ア）のように和が一定、（ウ）のように差が一定、（イ）のように積が一定、（エ）のように商が一定という関係は、すべて規則性のある関係と言えます。関数とは、「一方の数量が決まれば、それに伴ってもう一方の数量も決まる」関係にある数量のことですから、これらはすべて関数です。

（ア）〜（エ）を表で表してみましょう（［21－3］）。

このうち、（エ）をとくに**比例の関係**と言います。

二　比例の関係

（ア）周囲が36cm の長方形

縦の長さ（cm）	1	2	6	10	15
横の長さ（cm）	17	16	12	8	3

→和が一定の２量の関係

（イ）面積が36cm^2の長方形

縦の長さ（cm）	1	2	3	6	9
横の長さ（cm）	36	18	12	6	4

→積が一定の２量の関係（反比例の関係）

（ウ）兄弟の年齢

兄の年齢（歳）	10	12	15	17	18
弟の年齢（歳）	3	5	8	10	11

→差が一定の２量の関係

（エ）100km／時で走っている車の時間と道のり

時　間（時間）	0.5	1	1.5	2	2.5
道のり（km）	50	100	150	200	250

→商が一定の２量の関係（比例の関係）

〔比例の関係〕

100km／時で走っている車の時間と道のり

3倍

2倍

時　間(時間)	0.5	1	1.5	2	2.5	x
道のり(km)	50	100	150	200	250	y

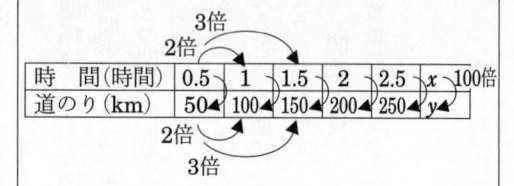

100倍

2倍

3倍

比例の関係は、x の値が２倍、３倍……になると、y の値も２倍、３倍……になります。

この場合、y の値は、対応する x の値の100倍です。

〔21－3〕

比例の関係には、次のような特徴があります。

① 2つの数量A、Bがあり、片方の数量が2倍、3倍……または、$\frac{1}{2}$、$\frac{1}{3}$……に変わると、それに伴って、他方も2倍、3倍……、または、$\frac{1}{2}$、$\frac{1}{3}$……と変わります。

② 2つの数量の変化は、xの増加分に対するyの増加分が常に一定であり、$x=0$のとき、$y=0$です。

	1	×2	2	
	100	×2	200	
1：2＝100：200				

〔21－4〕

③ 2つの数量の関係は、対応している値の比（商）がどこも一定です。

④ xとyの関係を関数グラフに描くと、そのグラフは、いつでも原点を通る直線になります。

三　比例の表し方

伴って変わる数量の表し方として、表、式、グラフがよく使われます（〔21－5〕）。

① 表

表は具体的な場面や、説明文などから、対応する数の組を順序よく並べたものです。表に整理することにより、規則性、すなわち、対応の決まりをはっきりととらえやすくなります。

表を横に見ると、一方の数量（x）が、2倍、3倍……になっているとき、それに対応する数量（y）がどのようになっているかが分かります。また、表の対応する2つの横の数値同士で比を比べると比の値が等しくなります。

表を縦に見ることにより、yがxとどのような関係になっているかが分かります。そこから式が導かれます。表を縦に見て、yがxの何倍かを見た値を比例定数と言います。

表を斜めに見ると、対応する2つの数値同士は積が等しくなります。

②　式

比例の一般式は、$y=ax$です。この式の両辺をxで割れば、$\frac{y}{x}=a$です。aは比例定数です。

yは$x=1$のとき、$y=a$で、aはxが1増えたときのyの増加分でもあります。

③　グラフ

比例のグラフは関数グラフです。比例のグラフは原点を通る直線です。原点というのは、x軸とy軸の交点で、

x	1	2倍	2	100倍
y	100	2倍	200	

$y=100x$　100は比例定数

1	…	2	2.5	
100	…	200	250	

$1\times200=100\times2$

$$y=ax$$

$$a=\frac{y}{x}$$

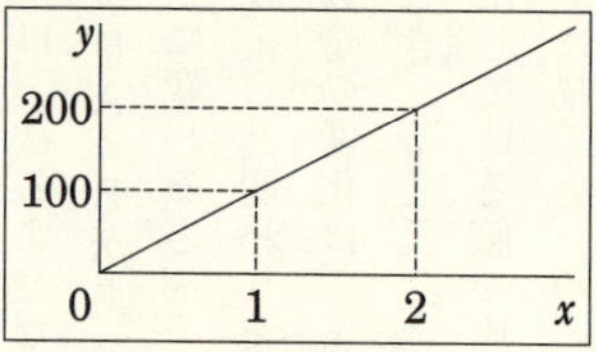

〔21－5〕

「オリジナル・ポイント」のことで、グラフ上では「O」と書きます（0ではありません）。しかし、x軸、y軸は共に数直線で、互いに0で直角に交わっていますから原点を0の点と言っても間違いではありません。原点の座標はO(0, 0)です。

　xとyの関係をグラフに描くことにより、一方の数量に対するもう一方の変化の様子を視覚的にとらえたり、数量と数量の関係の特徴をとらえやすくなります。

四　反比例

　150ページの（イ）の関係を**反比例**と言います。反比例の関係は、一方が増加すればもう一方は減少し、一方が減少すればもう一方は増加するという、相反する関係です。反比例の関係はそれだけでなく、一方が2倍、3倍……と変化すると、もう一方は、$\frac{1}{2}$、$\frac{1}{3}$……と変化し、片方が$\frac{1}{2}$、$\frac{1}{3}$……と変化すると、もう一方は、2倍、3倍……と変化します。

①　表

　反比例の表は横に見ると、片方が3倍になるともう一方は$\frac{1}{3}$になります。対応する2つ

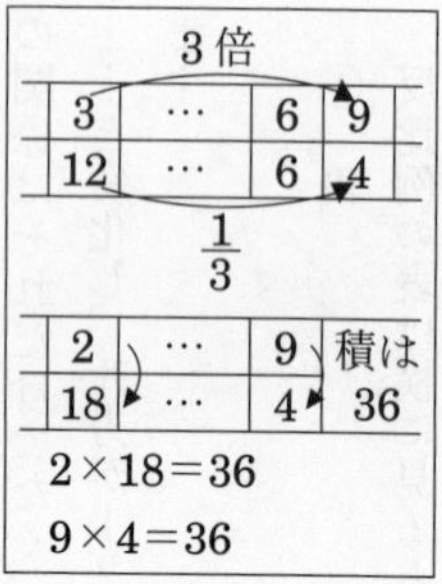

〔21－6〕

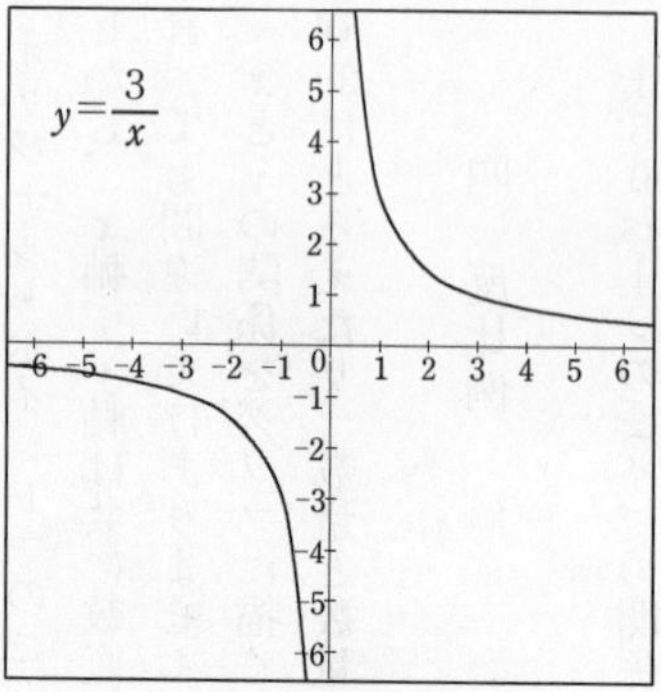

〔21－7〕

の数値の比の値は、3：9の比の値は$\frac{1}{3}$、12：4の比の値は3というように、分子と分母が逆の比の値になるのです。

表を縦に見ると、積は一定で、〔21－6〕の場合は36になります。この36が比例定数です（反比例定数とは言いません）。

② 式

反比例の一般式は$y=\frac{a}{x}$です。この式の両辺にxを掛けると、$xy=a$です。aは比例定数です。

③ グラフ

反比例のグラフも関数グラフです。反比例のグラフは双曲線という、原点を挟んで点対称になるようなグラフですが、マイナスの数値を扱わない小学校では単に曲線と言っています。この曲線は、xが大きくなればなるほど限りなくx軸に、xが0に近付けば近付くほどy軸に近付きますが、決してx軸やy軸に触れることはありません。

〔21－7〕が、反比例のグラフです。

五　比例の問題のいろいろな解き方

問題　牛乳100mℓの中に、たんぱく質は3.4g入っています。牛乳250mℓの中には、たんぱく質は何g入っていますか。

①　倍で解く

250mℓは100mℓの2.5倍だから、たんぱく質も2.5倍と考えます（〔21－8〕）。

②　帰一法で解く

牛乳1mℓの中に入っている、たんぱく質の量を求め、続いて牛乳250mℓの中に含まれるたんぱく質の量を求めます（〔21－9〕）。

③　比例の式に当てはめて解く

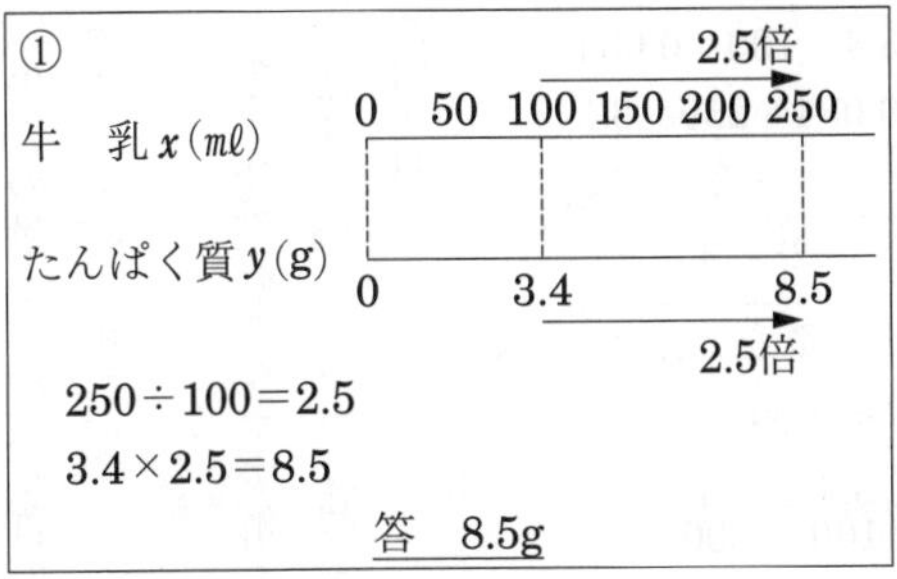

〔21－8〕

牛乳の量とたんぱく質の量は比例しているから、比例の式を作り、その式に当てはめて求めます（〔21－10〕）。

④　比例のグラフで解く

まず比例のグラフを描き、そのグラフからx軸が250mlのところのy軸を読み取ります（〔21－11〕）。

②$3.4 \div 100 = 0.034$

$0.034 \times 250 = 8.5$

答　8.5g

〔21－9〕

③牛乳の量をxg、たんぱく質の量をygとすると、

$$\frac{y}{x} = \frac{3.4}{100} = \frac{17}{500}$$

$$y = \frac{17}{500}x$$

xに250を代入すると、

$y = 8.5$

答　8.5g

〔21－10〕

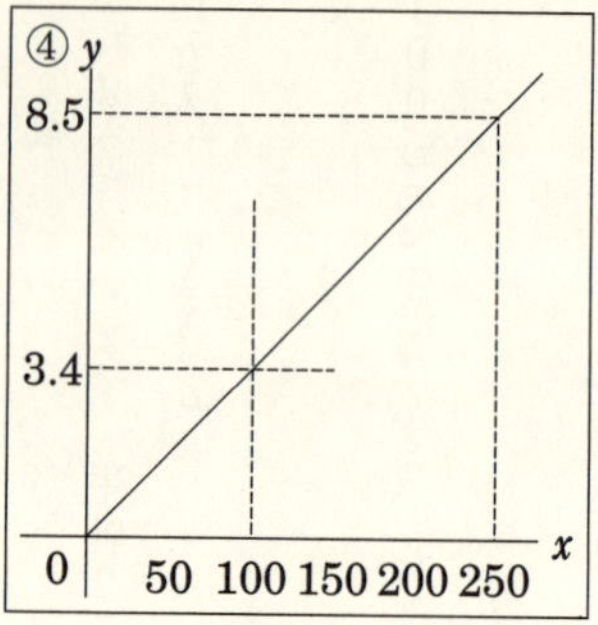

〔21－11〕

22　文章題ってなあに？

一　算数の問題とは

「今、僕は手の中に何枚かのコインを握っています。さあ、いくら握っているでしょう」

この問いに対して、誰かが、「１３０円」などと言い当てたとしましょう。この場合、たとえ正しい答を言い当てたとしても、これは算数の問題を解いたのではありませんし、この問い方は算数の問題ではありません。

「今、僕は手の中に50円玉と10円玉と5円玉をそれぞれ2枚ずつ握っています。さあ、いくら握っているでしょう」

この問いなら、算数の問題です。答を導くためのヒントが問いの中にあるからです。「50円玉と10円玉と5円玉をそれぞれ2枚ずつ握っています」というのが、この問題を解くヒントで、それがこの問題を解く根拠になっています。

そして、「いくら握っているでしょう」というのが尋ねている問いです。もしも問いが、「コインを何枚握っているのでしょうか」と尋ねられれば、枚数を尋ねられていますので、それぞれ2枚ずつですから、2+2+2という式になり「6枚」と答えるのですが、「いくら握っているでしょう」と問われているので、金額を答えなければなりません。それぞれのコインが2枚ずつですから、50×2+10×2+5×2という式か、(50+10+5)×2という式を計算して、「１３０円」と答えます。

このように、算数や数学の問題には、必ずその問題を解くためのヒントや根拠が問題のなかに入っていますし、何を尋ねているかがはっきりしているものです。

それがなければ、算数や数学の問題にはなりません。その質問事項（尋ねていること）や根拠を文章で書いているものを「文章題」と言います。

小学生には、「質問事項」や「根拠」という言葉は難しいので、「尋ねていること」「分かっていること」などと言っていて、「この問題は何を尋ねていますか。その問題を答えるのに何が分かっていますか」などと問いかけています。

文章題で、まず大事なことは、文章を正しく読むことです。「何を尋ねられているのか」、「そのためのヒントは何か」を読み取ることとです。次に、それらの根拠をどのように結び付けたらよいかという関係が分かることが大事です。解くための図が書けるようになると関係が分かりやすくなります。

二　文章題の解き方

文章題は「応用問題」とも言われています。文章題は、その答を導くための前提や関連や関係、導き方が分かっていなければ解けないことがあります。解くための前提になるものや関連、関係は既習の事項です。導き方は既習の事項か、既習の事項を参考にしたものか、独自の思考法です。

実際に小学生に出されている文章題を見ながら、説明しましょう。

1年生のはじめに次のような文章問題があります。

「じどうしゃが　4だい　とまって　います。3だい　くると　みんなで　なんだいに　なるでしょうか」

これは、「自動車が4台停《と》まっている。そこに3台来る」というのが前提です。尋ねている問いは、「みんなで何台になったか」ということです。4台停まっているところに、3台増えるので、この「増える」というのが加法を表すことから、「4＋3」という式になります。4＋3の答は7ですが、「何台になりますか」と自動車の台数を尋ねているので「7台」がこの文章題の答になります。

2年生には次のような問題があります。

「いろがみを、あきこさんは135まい、ねえさんは　あきこさんより　27まい　すくなく　もって　います。ねえさんは、なんまい　もって　いるでしょうか」

この問題の前提は、「あきこさんは135枚持っている。姉さんはそれより27枚少なく持っている」ということで、尋ねている問いが、「姉さんは何枚持っているか」ということです。

違い（差）を求めており、「少ない」というのが減法を表すので、「135－27」という式になります。答は「108枚」です（〔22－1〕）。

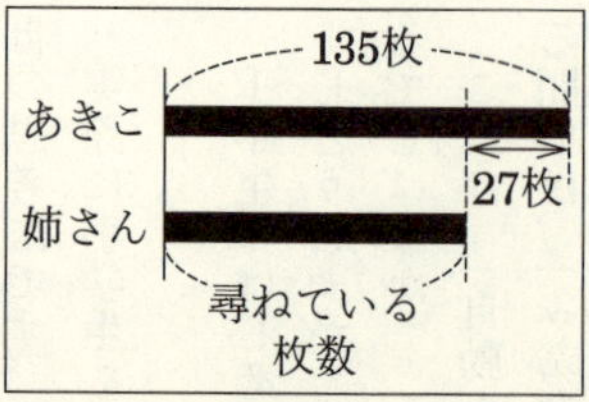

〔22－1〕

次に、高学年の問題から見てみます。

平均点＝総合点÷回数
（95＋88＋100＋85＋97）÷5
＝465÷5
＝93
答　平均点は93点

〔22－2〕

「5回の算数の点数は、95点、88点、100点、85点、97点でした。5回の平均点は何点でしたか」

この問題の前提となるのは、5回の点数で、尋ねていることが平均点です。前提から答を導くには、数量の関係を把握していることが大切です。この問題の場合には、平均の意味や求め方を理解していなければ解けません。平均というのは「均《なら》した値」です。平均点は、総合点を回数で割った値です。数量のこのような関係を理解していれば、〔22－2〕のように計算して、5回の平均点93点が求められます。

「大小2つの数があります。その和は114で、差は46です。2つの数はそれぞれいくつですか」

この問題の前提は、2数の和が114で、2数の差が46ということです。尋ねている問いは、それぞれの数（2数）です。前提から答を導くために利用する数の関係は、大の数と小の数の和の数と差の数の関係です。中学生なら連立方程式で簡単に解きますが、小学生の場合には、大小の数のどちらか一方に揃えて解きます。この「揃えて解く」という導き方に気付くことが重要です。

〔大の数に揃える〕

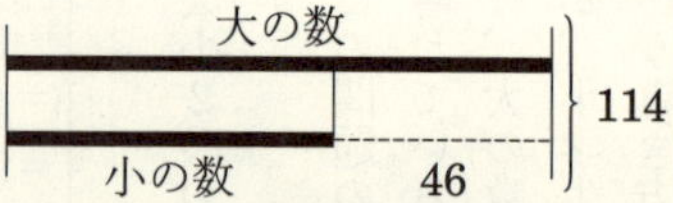

和の数＋差の数＝大の数の２つ分

大の数に揃える

(114＋46)÷2＝80　　←大の数

〔小の数に揃える〕

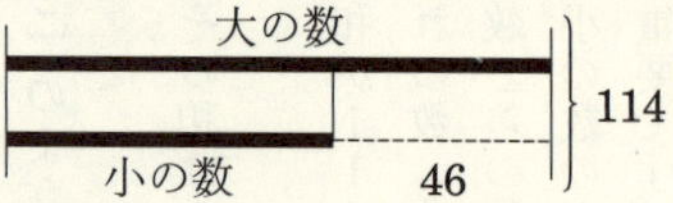

和の数−差の数＝小の数の２つ分

小の数に揃える

(114−46)÷2＝34　　←小の数

〔22−3〕

大の数に揃えるなら、和の数と差の数を足して大の数の2倍にしますし、小の数に揃えるなら、和の数から差の数を引いて小の数の2倍にします。なぜそのようになるかは〔22−3〕の線分図を見てください。文章題を解くときには、そのような関係を知らないと解きづらくなります。

「1個150円のアイスクリームと1個60円のチョコレートを合わせて15個買い、200円の籠に入れてもらったら、代金が1550円でした。アイスクリームとチョコレートをそれぞれ何個ずつ買ったのでしょうか」

この問題を解くための前提となるのは、アイスクリームが1個150円であること、チョコレートが1個60円であること、合わせて15個買ったということ、200円の籠に入れてもらったこと、代金が1550円だったことです。

前提がこれまでの文章題に比べて増えていますが、心配することはありません。尋ねている問いは、アイスクリームとチョコレートそれぞれの買った個数です。この問題に出てくる数の関係は、「単価×個数＝値段」という関係と「アイスクリームの値段＋チョコレートの値段＋籠の値段＝代金」という2つの関係です。導き方は、2種類の値段を考えると複雑になりますから、1種類の値段だとどうなるかとまず考えて答を出し、それを2種類に直して考えると解きやすいでしょう。

アイスクリームとチョコレートの2種類だと複雑になりますので、アイスクリームだけ買ったとしてまず考えてみましょう。「単価×個数＝値段」ですから、15個買ったら「150×15＝2250」でアイスクリーム15個の値段は２２５０円と分かります。また、２００円の籠に入れて買ったら１５５０円になったというのですから、アイスクリームとチョコレートだけの値段は、「1550－200＝1350」で１３５０円だと分かります。

アイスクリームとチョコレートを合わせて15個買ったら１３５０円のところ、アイスクリームだけで15個買うと２２５０円でした。アイスクリームだけ15個の値段とアイスクリームとチョコレートを合わせて15個買ったときの値段の差は、「2250－1350＝900」で９００円です。この９００円は、チョコレートの値段がアイスクリームの値段で表されているのでその差の値段です。

チョコレート1個をアイスクリーム1個の値段に置き換えると、「150－60＝90」で90円

1550－200＝1350←籠を除いた値段
150×15＝2250←全部アイスにした値段
2250－1350＝900←アイスとチョコの値段との差
150－60＝90←アイス1個とチョコ1個との差
900÷90＝10←チョコレートの数
15－10＝5←アイスクリームの数
答 ｛ アイスクリーム　5個
　　 チョコレート　10個

〔22－4〕

違ってきます。チョコレートの値段がすべてアイスクリームの値段に置き換えられると、９００円の差が出てくるので、1個変われば90円違うのが何個変われば９００円変わるのかと考えると、「900÷90＝10」となり、チョコレートが10個と分かります。すると、アイスクリームは「15－10＝5」で5個と分かります。

　今の説明を式で表すと、〔22－4〕のようになります。

23　公式を作る

算数・数学で大切なことは、ただ公式に当てはめて問題を解くことだけではありません。その問題の中にどんな法則があるのか、どんな規則があるのかと考えて、数値が変わっても解けるような一般的な式（公式）を作り出すことが大切です。

〔23－1〕

町を歩いていたら、〔23－1〕の絵のような窓がありました。

「この窓にはずいぶんたくさんの長方形があるなぁ」

「いったい何種類の長方形があるのだろう」

「長方形は、全部でいくつあるのだろう」

と思って、数えてみることにしました。

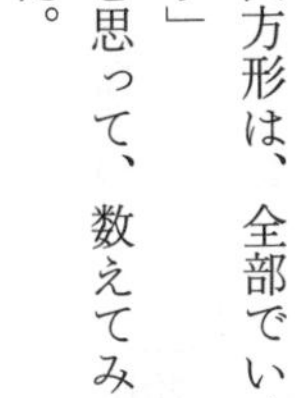

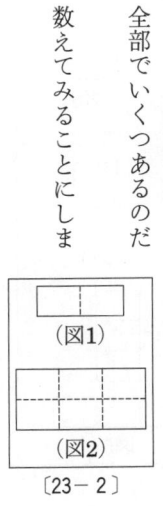

〔23－2〕

この窓には、〔23―2〕の図1のような2つつなげた長方形もあります。

小さい長方形が6つで出来た図2のような長方形もあります。

まだまだ他の形の長方形もあります。

〔23―1〕の窓には、何種類の長方形があるのでしょうか。

また、いくつの長方形があるのでしょうか。

次のように整理して考えてみます。

長方形の種類

一番小さい長方形の数が何個で出来ているかで考えます。

① 1個で出来た長方形（図3）

② 2個で出来た長方形（図4）

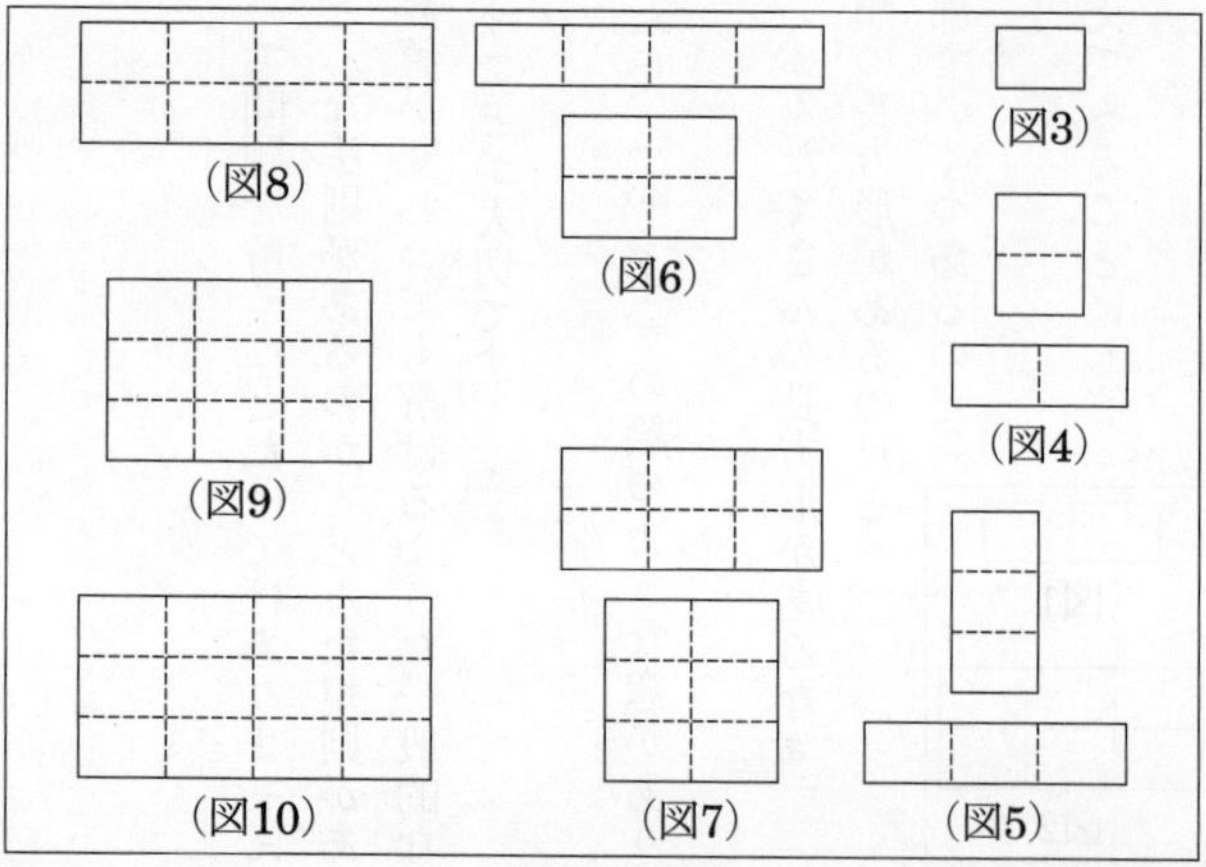

〔23－3〕

③　3個で出来た長方形（図5）
④　4個で出来た長方形（図6）
　5個では長方形になりません。
⑤　6個で出来た長方形（図7）
　7個では長方形になりません。
⑥　8個で出来た長方形（図8）
⑦　9個で出来た長方形（図9）
　10個と11個も長方形になりません。
⑧　12個で出来た長方形（図10）

全部で12種類の長方形があります。
これ以外の長方形はありません。

では、それぞれの長方形は、何個ずつあるのでしょうか。

長方形の数

↑この長方形は、横に4個・縦に3個で、12個あります。

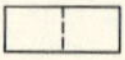

↑この長方形は、横に3個・縦に3個で、9個あります。

↑この長方形は、横に4個・縦に2個で、8個あります。

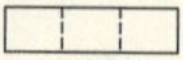

↑この長方形は、横に2個・縦に3個で、6個あります。

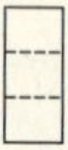

↑この長方形は、横に4個だけで、4個あります。

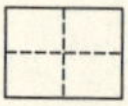

↑この長方形は、横に3個・縦に2個で、6個あります。

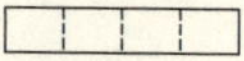

↑この長方形は、縦に3個だけで、3個です。

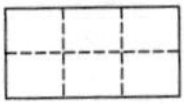

↑この長方形は、横に2個・縦に2個で、4個あります。

↑この長方形は、横に3個だけで、3個です。

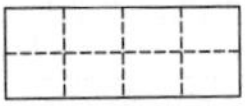

↑これは縦に2個。

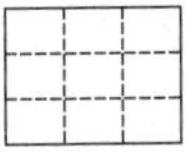

↑これは横に2個。

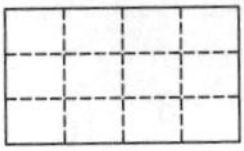

↑これは1個です。

全部で長方形は60個です。

公式を作る

すべての種類の長方形を整理して並べることにより〔23－4〕のような公式が出来ます。

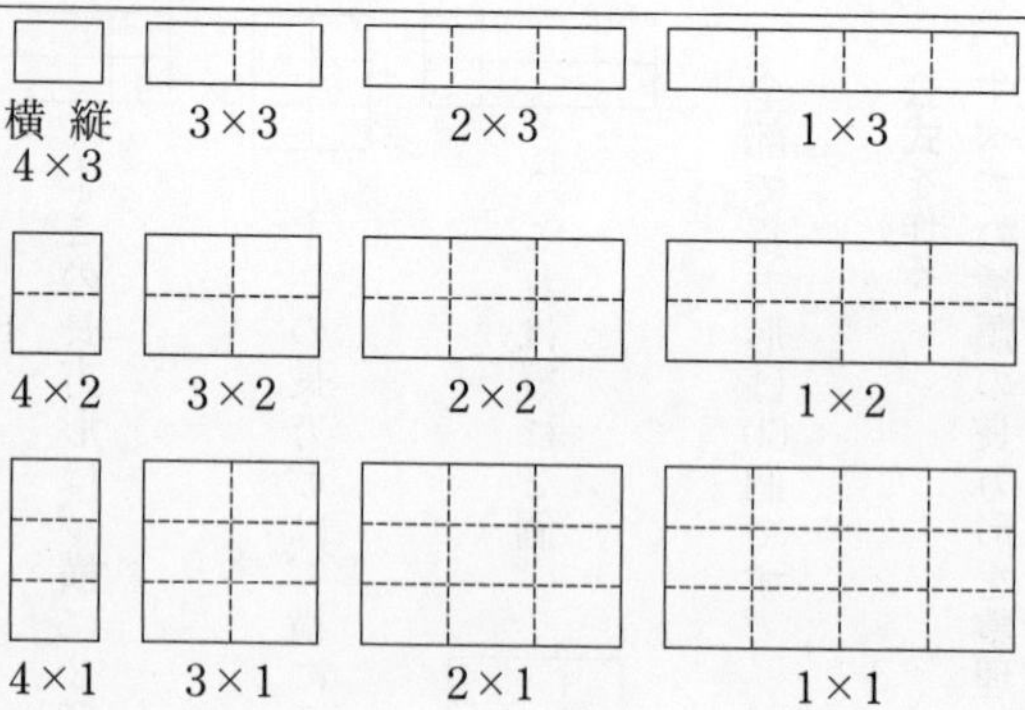

$$4\times(3+2+1)+3\times(3+2+1)+2\times(3+2+1)+1\times(3+2+1)$$
$$=(4+3+2+1)\times(3+2+1)$$
$$=10\times6$$
$$=60$$

4＋3＋2＋1は右のようにもう1回逆に足すと全部5になりますから、
$(1+4)\times4\div2$　と表せます。

4＋3＋2＋1
1＋2＋3＋4
5＋5＋5＋5

$$(4+3+2+1)\times(3+2+1)$$

$$=\frac{(1+4)\times4}{2}\times\frac{(1+3)\times3}{2}=10\times6=60$$

これを数字を文におきかえて一般的な式にすると下のようになります。これで公式は完成です。

〔窓の長方形の数の公式〕

$$\frac{(\text{横の数}+1)\times\text{横の数}}{2}\times\frac{(\text{縦の数}+1)\times\text{縦の数}}{2}$$

〔23－4〕

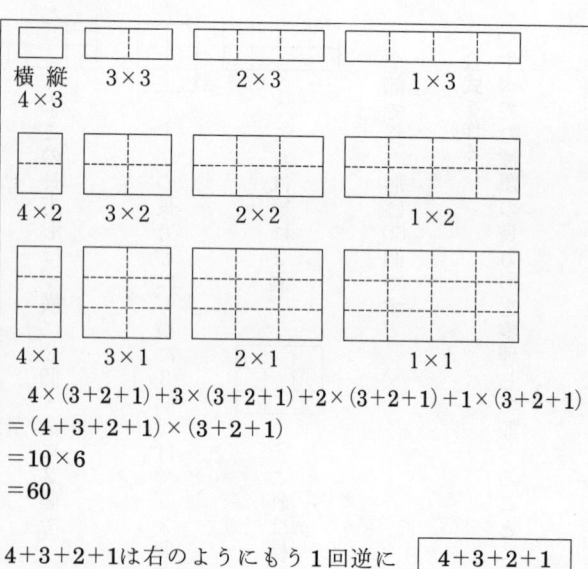

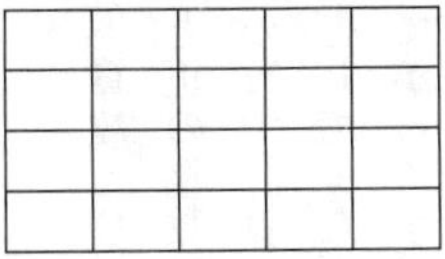

〔23－5〕

問題　〔23－5〕の中には長方形がいくつあるでしょうか。

（答は150個です。）

24　算数と数学のちがい

算数と数学はどう違うのでしょうか。小学校で学ぶのが算数で、中学校以上で学ぶのが数学なのでしょうか。学者によっては、「算数」と「数学」を分ける必要はないなどと言っている人もいます。明治時代には、小学校で学ぶのは「算術」と言い、数を扱う技を学ぶような感覚だったのだろうと思います。

現在では、小学校高学年の算数の問題を子どもが家でお父さんに尋ねたりすると、学校で習った算数の解き方ではなく、xを使った方程式で解いたりして、子どもが「そんなの分からない」などと言う場合もあるようです。

算数と数学はどこが違うのでしょうか。その1つは、数範囲です。小学生が習うのは、0と正の整数・小数・分数です。負の数は氷点下の気温として理科などには出てきますが、負の数で計算することはありません。もう1つは文字の使用です。小学生でも□などの代わりとしてxなどの文字を使いますが、文字を式の中で数のように演算に使うのは中学生になってからです。また、算数では、子どもの学習段階を考慮して、定義や公式は中学生ほど厳密ではありません。

しかし、算数と数学で共通することはいろいろあります。そこで、同じ問題を算数と数学で解いてみようと思います。

問題1　50円の切手と80円の切手を合わせて40枚買ったら、代金は2750円でした。50円の切手と80円の切手を、それぞれ何枚ずつ買いましたか。

この問題を、中学校2年生、中学校1年生、小学校6年生、小学校4年生に適した解き方をしてみます。もちろん答は同じですが、学校で習っているやり方によって、解き方は異なります。

中学校2年生の解き方（連立方程式）

50円の切手、80円の切手をそれぞれ x 枚、y 枚買ったとする。

$$\begin{cases} x+y=40 \cdots\cdots ① \\ 50x+80y=2750 \cdots\cdots ② \end{cases}$$

①×50　$50x+50y=2000 \cdots\cdots ③$

②−③　$30y=750$

$y=25$ ……………… ④

④を①に代入　$x+25=40$

よって　$x=40-25=15$

答　50円切手15枚、80円切手25枚

中学校1年生の解き方（1元1次方程式）

50円の切手の枚数をx枚とする。

$50x+80(40-x)=2750$

$50x+3200-80x=2750$

$50x-80x=2750-3200$

$-30x=-450$

$x=15$

$40-15=25$

答　50円切手15枚、80円切手25枚

小学校6年生の解き方（鶴亀算）

40枚とも50円切手を買ったとすると、

$40 \times 50 = 2000$

で2000円ですみます。でも、実際には2750円ですから、それよりも

$2750 - 2000 = 750$

で750円高いことになります。

50円切手を1枚だけ80円切手に換えると、

$80 - 50 = 30$

で30円高くなります。

$750 \div 30 = 25$

で25枚換えると、ちょうど2750円になります。

$40 - 25 = 15$

答　50円切手15枚、80円切手25枚

小学校4年生の解き方（表で解く）

〔24－1〕は、2種類の切手の枚数の合計が40枚のときの代金です。この表で、50円切手が15枚、80円切手が25枚のとき、値段が2750円になるので、答は、50円切手15枚、80円切

〔小学校４年生の解き方（表で解く）〕

50円切手の枚数	50円切手の代金	80円切手の枚数	80円切手の代金	切手40枚の代金
40枚	2000円	0枚	0円	2000円
39枚	1950円	1枚	80円	2030円
38枚	1900円	2枚	160円	2060円
37枚	1850円	3枚	240円	2090円
36枚	1800円	4枚	320円	2120円
35枚	1750円	5枚	400円	2150円
34枚	1700円	6枚	480円	2180円
33枚	1650円	7枚	560円	2210円
32枚	1600円	8枚	640円	2240円
31枚	1550円	9枚	720円	2270円
30枚	1500円	10枚	800円	2300円
29枚	1450円	11枚	880円	2330円
28枚	1400円	12枚	960円	2360円
27枚	1350円	13枚	1040円	2390円
26枚	1300円	14枚	1120円	2420円
25枚	1250円	15枚	1200円	2450円
24枚	1200円	16枚	1280円	2480円
23枚	1150円	17枚	1360円	2510円
22枚	1100円	18枚	1440円	2540円
21枚	1050円	19枚	1520円	2570円
20枚	1000円	20枚	1600円	2600円
19枚	950円	21枚	1680円	2630円
18枚	900円	22枚	1760円	2660円
17枚	850円	23枚	1840円	2690円
16枚	800円	24枚	1920円	2720円
15枚	750円	25枚	2000円	2750円

〔24－1〕

手15枚ということが分かりました。

問題2　100以上、200以下の自然数（小学生には「数」）で、2または3で割り切れる数はいくつありますか。

この問題を、高校1年生と小学校6年生に適した解き方をしてみます（「24－2」）。もちろん答は同じですが、学校で習っている解き方は、当然異なります。

このように、算数と数学は問題が違うわけではありません。

ただ、子どもたちの学習段階により、学んでいるやり方を使って解決しなければならないということがあります。まだ習っていない解き方はできません。学んだことを応用して考えることでいろいろな問題を解決します。ですから、指導するときには、原理や考え方をしっかり学ばせなければなりません。学んだことを応用して解決できるようにさせるのです。

〔高校生の解き方（集合の要素の個数）〕

100以上200以下の集合をUとして、2, 3で割り切れる数の集合をそれぞれA、Bとする。

$A=\{2\times 50, 2\times 51, \cdots\cdots, 2\times 100\}$

であるので、$n(A)=100-50+1=51$

$B=\{3\times 34, 3\times 35, \cdots\cdots, 3\times 66\}$

よって、$n(B)=66-34+1=33$

$A\cap B=\{6\times 17, 6\times 18, \cdots\cdots, 6\times 33\}$

よって、$n(A\cap B)=33-17+1=17$

2または3で割り切れる数の集合は$A\cup B$なので、

$$n(A\cup B)=n(A)+n(B)-n(A\cap B)$$
$$=51+33-17$$
$$=67$$

答　67個

〔小学生の解き方（倍数）〕

$200\div 2=100$	1から200の中に、2の倍数は100個ある。
$100\div 2=50$	1から100の中に、2の倍数は50個ある。
$100-50+1=51$	100から200まででは、2の倍数は51個ある。（100は2で割り切れるから1足す）
$200\div 3=66\cdots 2$	
$100\div 3=33\cdots 1$	
$66-33=33$	同様に、100から200までの中に3の倍数は33個ある。
$200\div 6=33\cdots 2$	
$100\div 6=16\cdots 4$	
$33-16=17$	2と3の最小公倍数は6で、100から200の中に6の倍数は17個ある。
$51+33-17=67$	答　67個

〔24－2〕

25　数の列車

この章では、数のさまざまな面白い性質について紹介しましょう。

一　自然数の和

問題　整数を１から４５０まで足したら、その和はいくつでしょう。

これはどんな計算をすればよいのでしょうか。１＋２＋……と450まで足すのでは、計算機を使ったとしても嫌ですね。計算機を使うとしても、もっとうまい計算法があるはずです。

やり方を考えるのですから、もっと少ない数で考えたほうがいいです。１から10までの整数の和は55と知っています。ですからその数で考えましょう。

１から10までの和を書いて、「この答はいくつになりますか」と

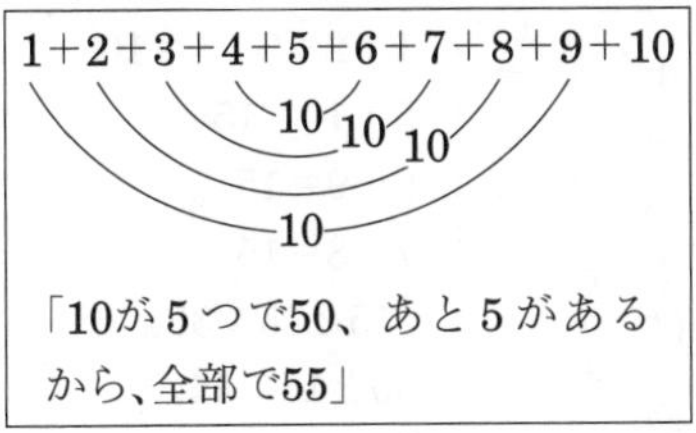
1+2+3+4+5+6+7+8+9+10
10
10
10
10
「10が５つで50、あと５があるから、全部で55」

〔25－１〕

４年生の子どもたちに尋ねると、〔25－1〕のように10ずつの和にして答える子が随分多かったです。

でも、この方法だと４５０まで10を作っていくのでは大変です。11以上は11＋19で30として考えるのでしょうか。それも大変です。

すると次に、〔25－2〕のように部分に分けて考える子どもがいました。

1+2+3+4=10
5+10=15
6+9=15
7+8=15
「15と15で30、
30と15で45、
あと10で55」

〔25－2〕

いろいろ考えるのは良いのですが、このやり方でも４５０までは大変です。すると、やはり最初のやり方のほうが４５０まででも良いのです。

１と４５０の１つ前の４４９とを足すと４５０です。次に２とその１つ前の４４８を足すのです。

そうすると、これも和は４５０です。同じように、３と４４７を足し、４と４４６を足すようにすれば、真ん中の２つの和は、224＋226になります。そうすると、４５０が２２４組出来ることになり、真ん中の２２５と、最後の４５０を合わせれば全部の和が出ることになります。だから、450×224で100800、それに２２５と４５０を足すと、100800＋225＋450＝101475になります（〔25－3〕参照）。

それなら、1＋450、2＋449というように、どれも残さないように全部足したらどうでしょうか。

そこで、1＋2＋3＋……＋448＋449＋450を逆に並べて、揃えて足すことにしました。すると、451×450＝202950になりますが、これは、1から450までを2回足したことになりますから、それを2で割った値が1から450を足した和になります（〔25－4〕参照）。

> 1＋449＝450，2＋448＝450，3＋447＝450
> と足していくと、真ん中が224＋226＝450で、
> 残りが真ん中の225と最後の450だから、
> 450×224＋225＋450＝101475

〔25－3〕

$$
\begin{array}{rr}
 & 1+\ \ 2+\ \ 3+\cdots\cdots+448+449+450 \\
+) & 450+449+448+\cdots\cdots+\ \ 3+\ \ 2+\ \ 1 \\
\hline
 & 451+451+451+\cdots\cdots+451+451+451
\end{array}
$$

$$451\times 450=202950$$

$$202950\div 2=101475$$

〔25－4〕

三角数

整数を1から順に並べると〔25－5〕のように三角形に並びます。〔25－5〕の場合は、黒丸で1、2、3、4、5、6、7、8、9、10と並べました。その右に白丸で、10、9、8、7、6、5、4、3、2、1と逆に並べました。すると、先ほどの〔25－4〕のやり方と同じになります。このことから、1から連続の自然数の和を「三角数」と言うことがあります。

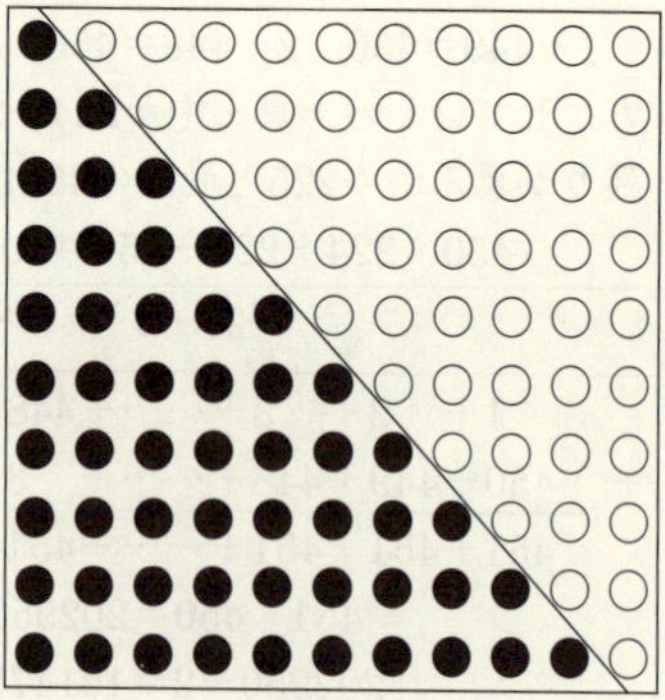

〔25－5〕

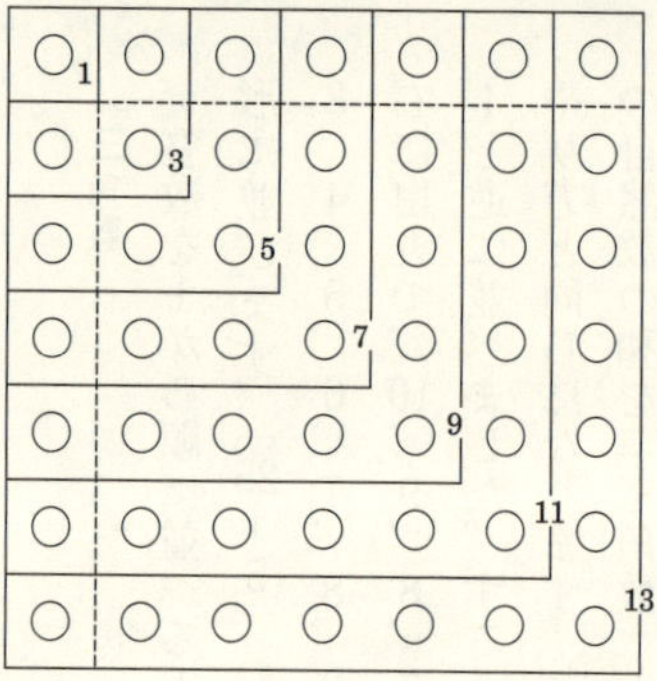

〔25－6〕

二　奇数の和

奇数の和も面白いです。「1＋3＋5＋7＋9」この和は25とすぐに分かります。では、「1＋3＋5＋……＋21＋23＋25」はいくつでしょうか。自然数の和のように逆に足して26×(25＋1)÷2÷2＝169と答を求めることはできます。しかし、奇数の和の性質を知っていると、別な計算法で、求められます。

1は1の2乗（2乗とは同じ数を2つ繰り返して掛けたもの）です。1+3は2の2乗です。1+3+5は3の2乗です。1+3+5+7は4の2乗です。1+3+5+7+9は5の2乗です。このことは〔25−6〕を見るとすぐに分かります。このようにすると、1+3+5+……+21+23+25は13の2乗で169と求められます。13の2乗ということは、最後の数（この場合は25）に1を足した数の半分の2乗ということです。ですから、1+3+5+……+95+97+99なら、99より1大きい100の半分の2乗ですから、50の二乗で2500ということになります。

　奇数の和はこのような性質があるので「四角数」と言われることがあります。

三　道の数の和

〔25−7〕のような道があります。この道に沿ってAからBまで行きます。行くときには北か東にしか行けません。行き方は何通りあるでしょうか。

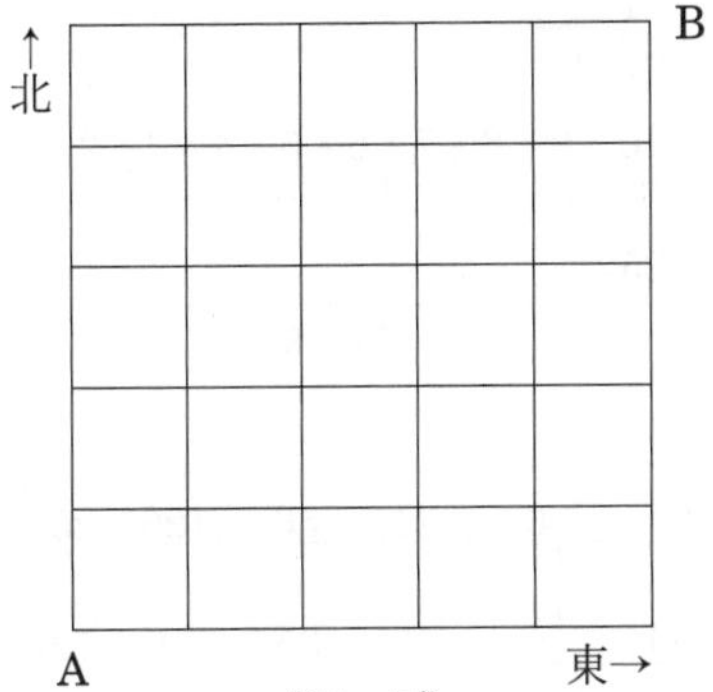

〔25−7〕

　高校生なら順列の公式を使って〔25−8〕のような

$$\frac{10!}{5!5!}$$

$$=\frac{10\times9\times8\times7\times6\times5\times4\times3\times2\times1}{(5\times4\times3\times2\times1)\times(5\times4\times3\times2\times1)}$$

$$=252$$

〔25－8〕

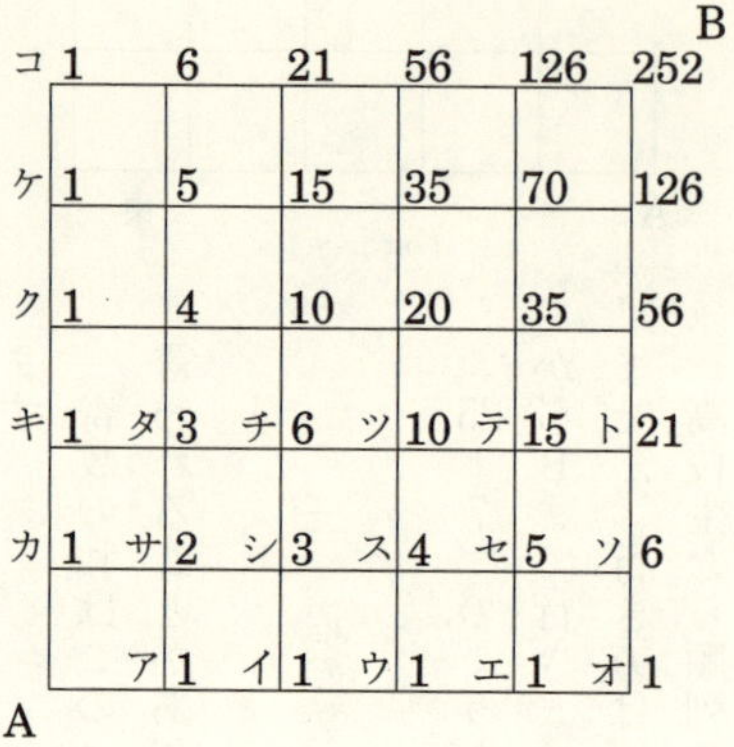

〔25－9〕

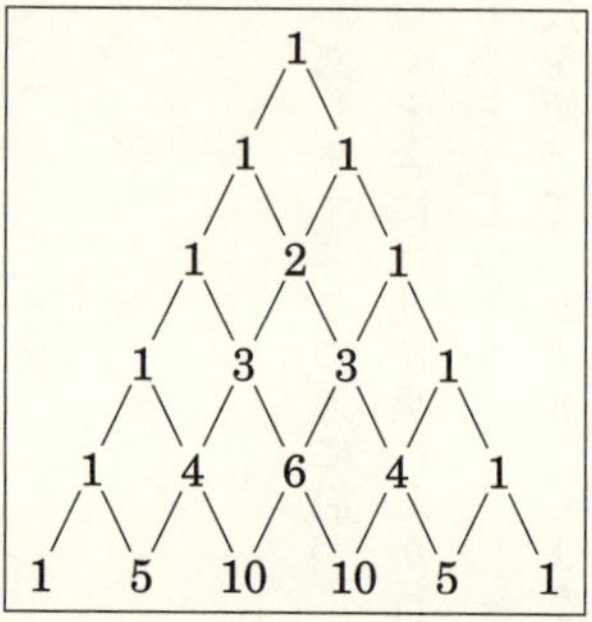

〔25－10〕

解き方で答を求めるでしょう。答は252通りです。しかし、ここでは小学生でも解けるような算数で解くのです。算数の知識で何通りか求めるにはどうしたらよいでしょうか。

小学生がこの問題を解くときには、サまでなら、アを通る行き方が1通り、カを通る行き方が1通りで合計2通り、ツまでなら、スを通るのが4通り、チを通るのが6通りだから、合わせて10通りというようにして足し算をして数字を書いていき、252通りと答を導くでしょう（〔25－9〕）。

　そして、この道の交点の数を左下のAから右上に見ていくと、〔25－10〕のようになります。この図を高校生が見ると、「あ、二項定理だ！」と叫ぶのではないかと思います。

　算数と数学は別のものではありません。算数は、数を拡張していなかったり、記号が使えなかったりするだけです。

26　起こり得る場合の数

一　走る順序

A君の学校の運動会で、各クラスから男子4人の選手が選ばれてクラス対抗リレーを行うことになりました。A君のクラスでは、A君、B君、C君、D君の4人が選ばれ、4人の走る順番を考えました。このような順序を決めるときには、すべての組み合わせを考えてその中で一番良い順番を決めるのが、思考法としては良いのだろうと思います。そこでまず、4人の走る順番は全部で何通りあるか考えました。

第1走者	A	A	A	A	A	A
第2走者	D	D	C	C	B	B
第3走者	C	B	D	B	D	C
第4走者	B	C	B	D	C	D
	B	B	B	B	B	B
	D	D	C	C	A	A
	C	A	D	A	D	C
	A	C	A	D	C	D
	C	C	C	C	C	C
	D	D	B	B	A	A
	B	A	D	A	D	B
	A	B	A	D	B	D
	D	D	D	D	D	D
	C	C	B	B	A	A
	B	A	C	A	C	B
	A	B	A	C	B	C

6×4＝24
全部で24通りの組が考えられます。

〔26－1〕

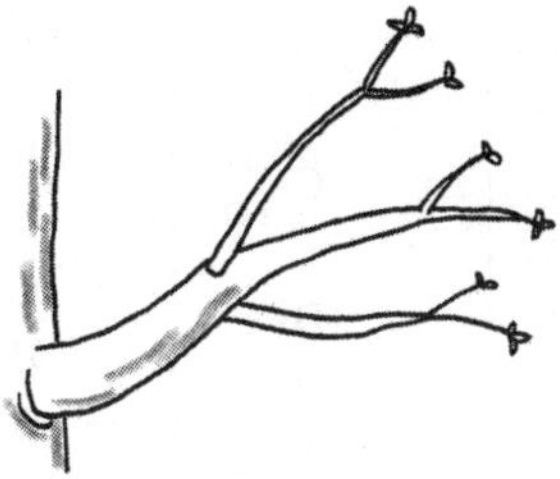

〔26－2〕

すべてを考えるときには、落ちや重なりがないように考えることが大切です。それには、規則的に考えていくことが大事です。

規則的に考えるには順番を考えて表にするか、樹形図にするのが良い方法だと思います。そこで、まず表を作ってみましょう（〔26―1〕）。表にするには、1番目に走る人、2番目に走る人、3番目に走る人、最後に走る人の組を、落ちや重なりがないように順序立てて書きます。

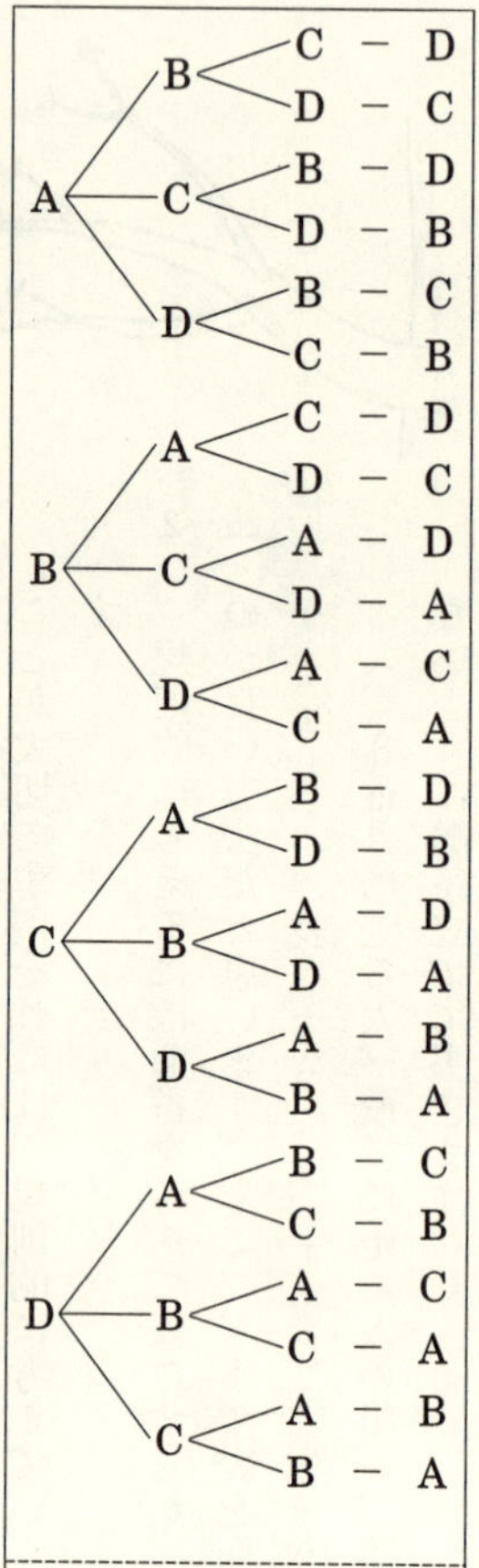

$4\times3\times2\times1=24$

〔26－3〕

次に、樹形図で書いてみましょう。樹形図とは、樹木が枝分かれしていく様子（〔26－2〕）に似ていることから付けられた名前だと思いますが、落ちや重なりがないように書くときには便利な図です。今の4人の走る順序を樹形図で書くと〔26－3〕のようになります。

A君の学校では、今度からリレーのときに、女子を1人入れて、3人目に走ることに決まりました。今回は選手として、A君、B君、C君、Eさんが選ばれました。今度は走る順序が全部で何通りあるのか考えてみました。表や樹形図を書かないで式で考えられれば早いのですが、間違えると困るので、表や樹形図の一部分を書いて式を考えることにしました。

A－B－E－C
A－C－E－B

〔26－4〕

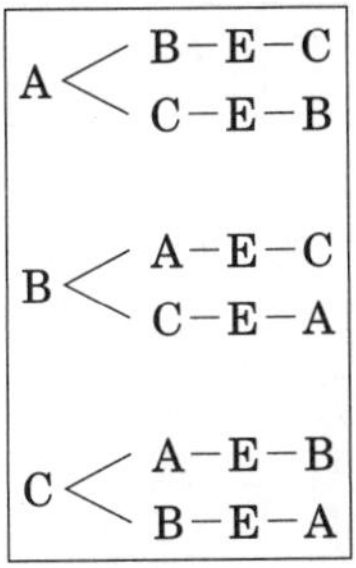

〔26－5〕

第1走者をA君にすると、走る順序は、2通りです（〔26－4〕）。ですから、第1走者をB君にしたときも2通り、第1走者をC君にしたときも2通りで、走る順序は全部で2×3＝6で、6通りになります。6通りで良いのか、樹形図で確かめてみても、確かに6通りです（〔26－5〕）。

Eさんは第3走者と決まっていますから、A君、B君、C君の3人の走る順序を考えればよいことになります。

先頭を走る人は、A君、B君、C君の3人で3通り、その誰が先頭に決まっても、第2走者は2人のなかから走る順番を決めればよいのですから2通り、第4走者は最後に残った人と決まりますから1通り、走る順序は全部で、3×2×1＝6で6通りとなります。

二　数字カード

問題　〔26－6〕のような4枚の数字カードがあります。この中から1枚ずつ2枚のカードを取り出して、取り出した順に左からカードを並べて2桁の整数を作ります。何通りの整数が出来るでしょうか。

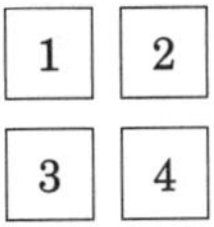

〔26－6〕

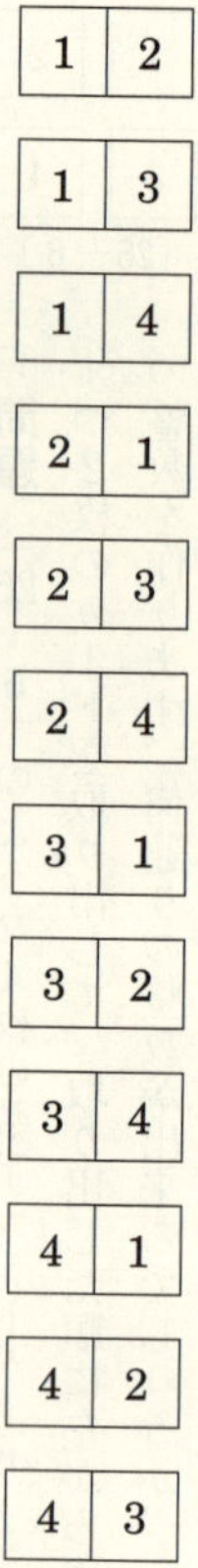

〔26－7〕

まず小さい順に並べてみます。〔26－7〕の12通りの整数が出来ます。これも樹形図で表してみます（〔26－8〕）。

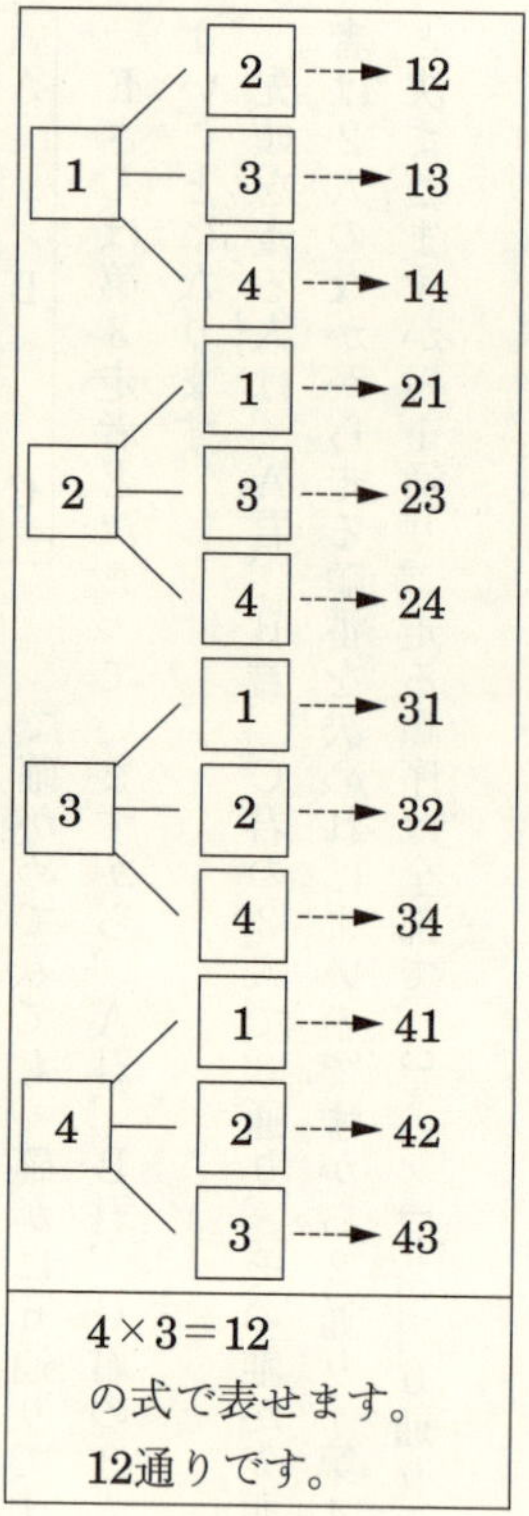

〔26－8〕

では、似たような次の問題では何通りの整数が出来るでしょうか。

問題〔26－9〕のような4枚の数字カードがあります。この中から1枚ずつ2枚のカードを取り出して、取り出した順に左からカードを並べて2桁の整数を作ります。何通りの整数が出来るでしょうか。

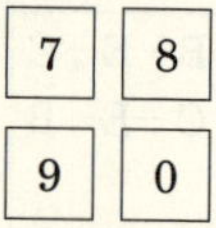

〔26－9〕

2桁の整数というときには、十の位に「0」が来ることはありません。ですから、この場合には、出来る整数は9通りです（〔26−10〕）。

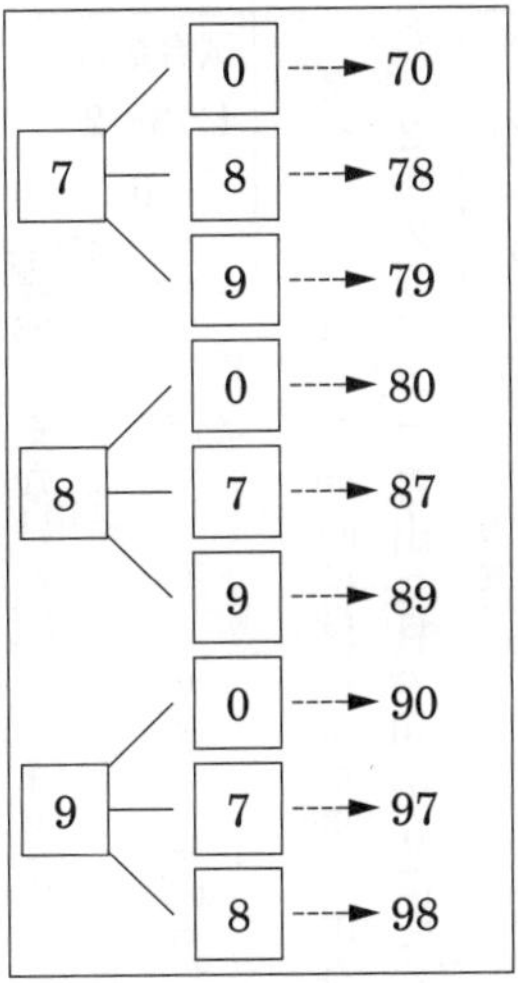

〔26−10〕

三　総当たり戦の組み合わせ

A、B、C、Dの4チームが1回ずつの総当たり戦でサッカーの試合をします。試合数は全部で何通りあるかを考えます。

まずすべての組み合わせを作ってみます。

全部の対戦を表にしてみると〔26－11〕のような6試合になります。これを〔26－12〕のような図にしてみると、AもBもCもDも相手が3チームありますから、どのチームも3回ずつ試合をします。4チームが3回ずつ試合をするので、4×3＝12で、12試合のようですが、〔26－12〕の矢印のように、どの矢印も両方のチームから、試合数として数えられています。ですから、正しい試合数は、それを2で割って6試合と考えなければなりません。

A対B
A対C
A対D
B対C
B対D
C対D

〔26－11〕

試合数は、
$4 \times 3 \div 2$
$=6$
答　6試合

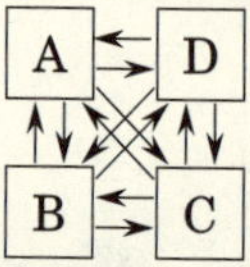

〔26－12〕

四　サイコロの目

2つのサイコロを同時に投げるとき、出る目の和が6になるのは何通りあるかを考えました。2つのサイコロの出た目の和が6になる場合は、〔26－13〕のように、全部で5通りあります。

(1, 5)
(2, 4)
(3, 3)
(4, 2)
(5, 1)

〔26－13〕

次に、2つのサイコロを投げて、出る目の和が4以上になる場合はいくつあるかを考えました。和が4以上になるということは、和が4

(1, 3)	(2, 2)	(3, 1)	(4, 1)	(5, 1)	(6, 1)
(1, 4)	(2, 3)	(3, 2)	(4, 2)	(5, 2)	(6, 2)
(1, 5)	(2, 4)	(3, 3)	(4, 3)	(5, 3)	(6, 3)
(1, 6)	(2, 5)	(3, 4)	(4, 4)	(5, 4)	(6, 4)
	(2, 6)	(3, 5)	(4, 5)	(5, 5)	(6, 5)
		(3, 6)	(4, 6)	(5, 6)	(6, 6)

〔26－14〕

になる場合、和が5になる場合……などをすべて書くと、〔26－14〕のように33通りになります。しかし、これでは数が多くて大変です。4以上になる場合を考えるより、4未満になる場合を考えて、それを全部の場合から引くほうが簡単ではないでしょうか。2つのサイコロの和が4未満（3以下）になるのは、〔26－15〕の3通りです。サイコロ2個を投げて出る目のすべての場合は、6×6＝36で36通りあります。その36通りから4未満の3通りを除く33通りが、和が4以上になる場合の数です。このように、ある事柄が起こる場合を考える場合に、ある事柄が起こらない場合を考えて全体から引くほうが楽なことがあります。

(1, 1)
(1, 2)
(2, 1)

〔26－15〕

五　確率

ある事柄が起こると期待される程度を数で表したものを**確率**と言います。「起こると期待される程度」という言葉は、分かりにくい言葉かもしれません。正しく出来ているサイコロ

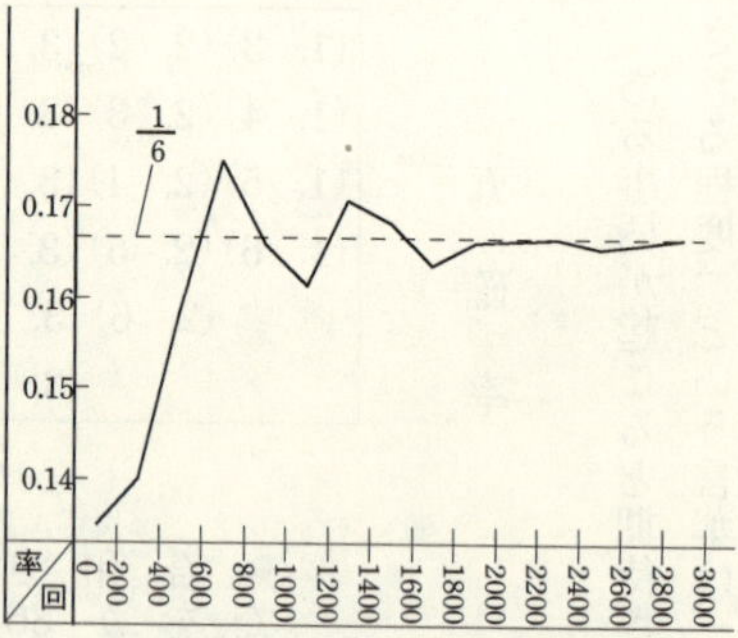

投げた回数	1の目の出た回数	1の目の出る割合
200	27	0.135
400	56	0.14
600	95	0.158
800	140	0.175
1000	166	0.166
1200	194	0.162
1400	239	0.171
1600	269	0.168
1800	295	0.164
2000	332	0.166
2200	367	0.167
2400	400	0.167
2600	431	0.166
2800	466	0.167
3000	500	0.167

〔26−16〕

で、どの目も同じように出る場合には、サイコロの1の目が出る確率は6分の1です。しかし、そのサイコロを6回振れば必ず1の目が1回だけ出るかというと、そういうことではありません。6回振っても1の目が1度も出ないこともあれば、2回出ることもあります。でも、振る回数を何千回というように多くすると、次第に6分の1の値に近付いていきます。これを**大数《たいすう》の法則**と言います。1人で何千回もサイコロを振るのは大変ですが、小学校のクラスで1人100回ずつ振ればすぐに3000回くらいの記録がとれます。これをグラフに描くとサイコロを振る回数が増えるとだんだん6分の1に近付いていくことが目に見えて分かります（〔26－16〕）。「起こると期待される程度」というのは、サイコロを振る前に考える割合のことです。「1の目が出ると期待される程度」は、サイコロの目が出る場合が6通りあり、そのうちの1つが1の目だから、6回に1回は期待できると考えられるのです。

$$\text{事柄Aの起こる確率}=\frac{\text{Aの起こる場合の数}}{\text{すべての場合の数}}$$

〔26－17〕

　では、簡単な確率を考えてみます。

「1つのサイコロを投げるとき、2または3の目が出る確率」はどのくらいでしょうか。すべての目の出る場合の数が6通り、2または3の目の出る場合の数は2通りなので、確率は〔26－17〕の公式に当てはめて、$\frac{2}{6}$すなわち$\frac{1}{3}$です。「1つのサイコロを投げて偶数の目の出る確率」は、偶数の目は、2、4、6の3通りですから、$\frac{3}{6}$すなわち$\frac{1}{2}$です。

　また、「青玉3個、赤玉4個、白玉5個が袋の中に入っていて、この袋の中から1個の玉を取り出すとき、その玉が青玉である確率」を求めるには、すべての場合の数は、3＋4＋5＝12で12通りあり、青玉の出る場合は3通りですから、確率は、$\frac{3}{12}$すなわち$\frac{1}{4}$となります。

これらの確率は、すべての場合の数のうち、どの場合も同じように起こりそうなときにだけ、求めることができます。コインを投げたとき、裏が出る場合と表が出る場合はどちらも同じくらい起こりそうですが、画鋲《がびょう》を投げた場合の表の出る場合と裏の出る場合は同じように起こるとは限らないので、確率を求めるには実際に数多く投げるより仕方がありません。

コラム・代金の支払い方

大人になった卒業生たちが、久し振りに私の算数の授業を受けたいと言って来ました。「講堂に大勢集めるから、ぜひ授業をしてください」ということでした。大学を卒業している人たちで、なかには工学博士もいるし、医学博士もいます。公認会計士もいます。引き受けたものの何の授業をしたらよいか考えてしまいました。昔の授業が懐かしくて、小学生に戻ってみたいという気持ちなのだろうと思いました。かと言って、卒業生たちは小学生ではありません。分かりきった授業をしても仕方がありません。授業は、終わった後で、みんなが楽しかったと思う算数（数学ではなく）でなければなりません。

そこで、高校生の「場合の数」の問題を算数の思考で解くという授業にして、次のような問題を出して考えさせ、その後で解説しました。

問題　１００円玉・50円玉・10円玉が、それぞれたくさんあります。ある品物を買うのに１４００円かかります。このお金で支払うには、何通りの支払い方があるでしょうか。

懸命に解いている人、うっとりと昔を懐かしんでいる人、いろいろでした。でも終了後みんなから好評でした。

次のように解き方について話しました。

① まず、１００円玉14個で支払う方法があります。

② 次に１００円玉14個のうちの1個だけ50円玉2個に換えて、１００円玉13個と50円玉2個で支払う方法があります。

③ ②の50円玉のうち、1個だけを10円玉5個に換えて、１００円玉13個と50円玉1個と10円玉5個で支払う方法があります。

④ ②の50円玉の2個とも10円玉に換えて、１００円玉13個と10円玉10個で支払う方法があります。

⑤ １００円玉12個と50円玉4個で支払う方法があります。

	方法	百円玉	五十円玉	十円玉
1通り	①	14個	0個	0個
3通り	②	13個	2個	0個
	③	13個	1個	5個
	④	13個	0個	10個
5通り	⑤	12個	4個	0個
	⑥	12個	3個	5個
	⑦	12個	2個	10個
	⑧	12個	1個	15個
	⑨	12個	0個	20個
7通り	⑩	11個	6個	0個
	⑪	11個	5個	5個
	⑫	11個	4個	10個
	⑬	11個	3個	15個
	⑭	11個	2個	20個
	⑮	11個	1個	25個
	⑯	11個	0個	30個

〔26－18〕

このように考えていくと、ある規則が見えてきます。

100円玉の数で見ると、14個のときが1通り、13個のときが3通り、12個のときが5通り、11個のときが7通りとなっています（〔26－18〕）。

この規則で考えると、100円玉の数で、$1+3+5+7+9+\cdots\cdots$となります。この奇数の和は、いくつまで続くのでしょうか。それは、100円玉が0になるまでです。

100円玉が0個で10円玉だけで支払うのが最後ですから、奇数の和は$14+1$の15個続きます。15個目の奇数は、$2n-1$で$n=15$ですから29です。

$\underbrace{1+3+5+7+\cdots\cdots}_{15個}$

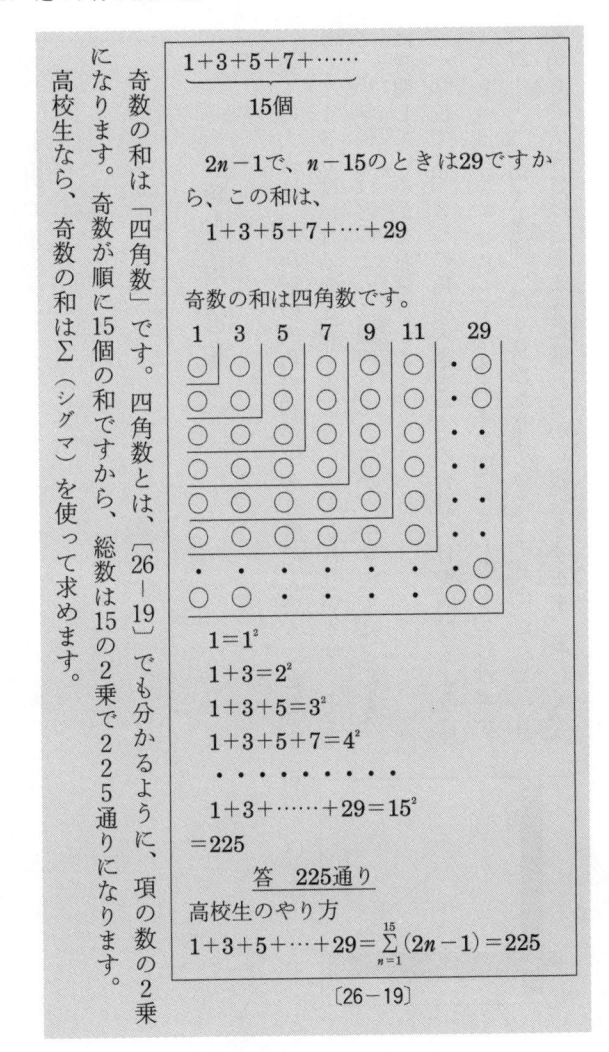

$2n-1$で、$n-15$のときは29ですから、この和は、

$1+3+5+7+\cdots+29$

奇数の和は四角数です。

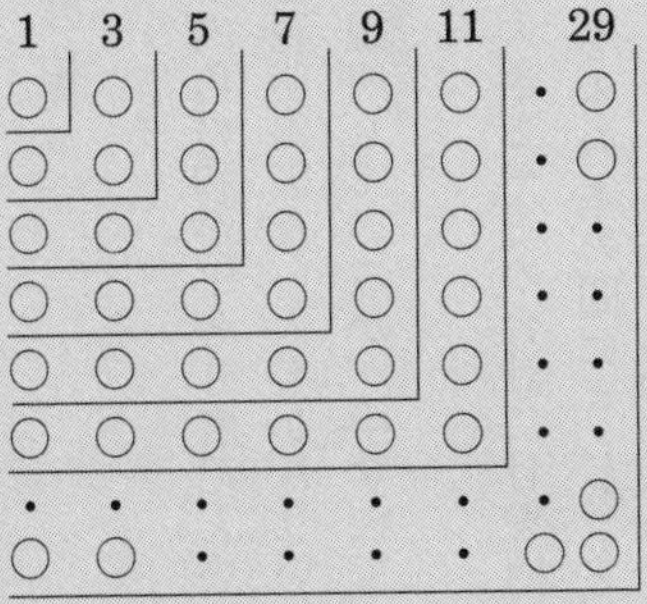

$1=1^2$

$1+3=2^2$

$1+3+5=3^2$

$1+3+5+7=4^2$

$\cdots\cdots\cdots\cdots$

$1+3+\cdots\cdots+29=15^2$

$=225$

答　225通り

高校生のやり方

$1+3+5+\cdots+29=\sum_{n=1}^{15}(2n-1)=225$

〔26−19〕

奇数の和は「四角数」です。四角数とは、〔26−19〕でも分かるように、項の数の2乗になります。奇数が順に15個の和ですから、総数は15の2乗で225通りになります。

高校生なら、奇数の和はΣ（シグマ）を使って求めます。

27　図形の性質

一　三角形の内角の和

多くの大人は、三角形の内角の和が１８０度だということをよく知っています。でも、どうして１８０度になるかを説明出来ない人もかなりいます。そこで、小学校ではどのように説明しているか、中学校ではどのように説明しているかをお話しします。

小学校では、３つの角の大きさやその合計に目を向けるようにしています。V字に作った2本の木の間にゴムひもを付けます（〔27－1〕）。角Aを開いたり狭めたりすると、それに連れて角Bや角Cの大きさはどのように変わるかを観察させます。そして、

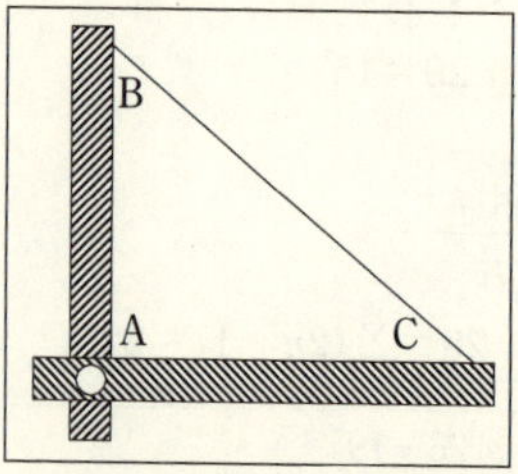

〔27－1〕

角Aが広がると角Bや角Cは狭まる、角Aが狭まると角Bや角Cは広がることに気付かせます。

次に、合同な（形と大きさの等しい図形を合同な図形と言います。合同な2つの平面図形は、ずらしたり裏返したりして重ねると、ぴたりと重なります）三角形の色板をたくさん用意して〔27－2〕のように隙間《すきま》なく敷き詰めます。そして、ア、イ、ウ、エには三角形の色板のどこの角が集まっているかを調べます。

そのようにして三角形の3つの角の和は、一直線の角（平角）と同じだということを理解します。

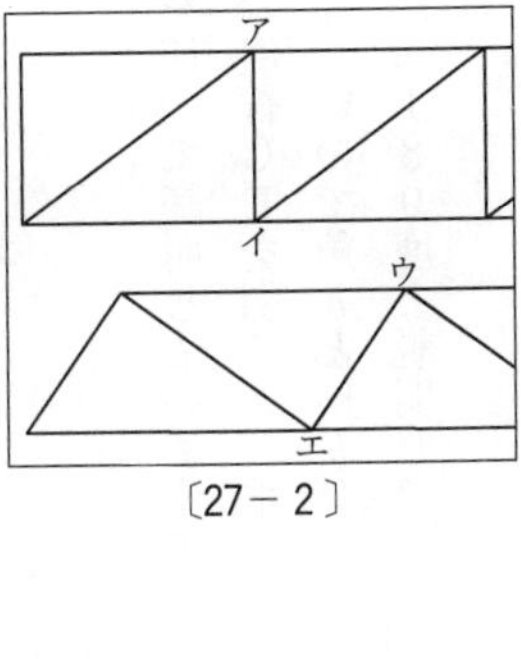

〔27－2〕

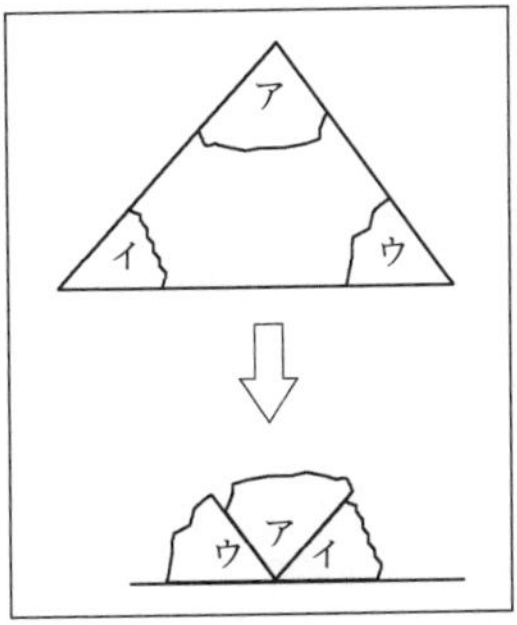

〔27－3〕

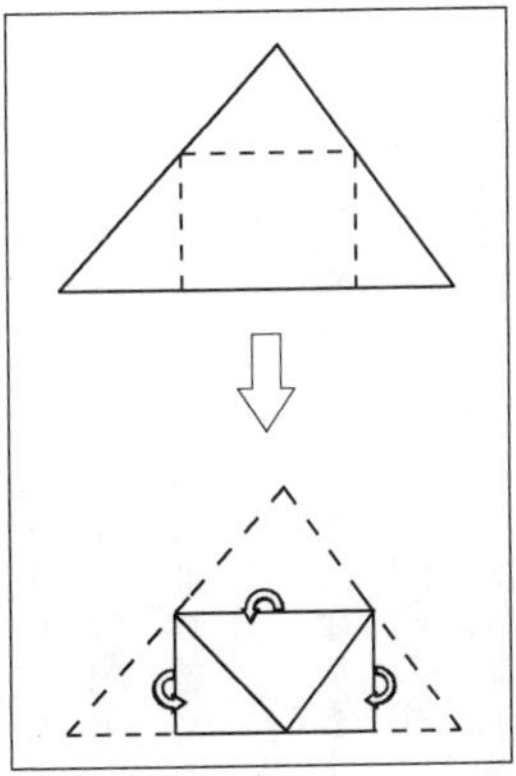
〔27－4〕

さらに、１人１人に三角形を描かせ、〔27－3〕の上の図のように３つの角を切って下のように重なりや隙間がないように並べ替えると、一直線が出来ます。

また、〔27－4〕のように３つの角を折って１箇所に集めると一直線になります。このようにいろいろなやり方で三角形の内角の和は１８０度だと説明しています。そして、三角形の性質として、「どんな三角形でも、３つの角の和は１８０度です」と説明し、その性質を使って三角形の２つの角を知って残りの角を求めたりします。

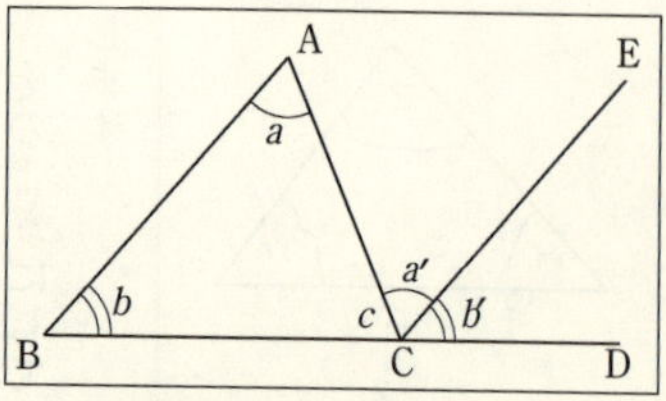

BA//CE

$$\angle a+\angle b+\angle c$$
$$=\angle a'+\angle b'+\angle c'$$
$$=180^\circ$$

〔27－5〕

中学校でも三角形の内角の和は、２年生で平行線の同位角や錯角を使って証明しています。△ＡＢＣの辺ＢＣを延長してＣＤとし、点Ｃを通り辺ＢＡに平行な直線ＣＥを引くと、平行線の錯角は等しいから、角aと角a'は等しく、平行線の同位角は等しいので角bと角b'が等しく、角aと角bと角cの和は、角a'と角b'と角cの和に等しいから１８０度と説明しています（〔27－5〕）。

三角形――子どもの作文から

三年　M・S

今、算数の時間に三角形の事をやっています。それもただの三角形ではなくて、二等辺三角形や正三角形です。二等辺三角形や正三角形は、学校の授業でやるまで知りませんでした。

僕は、二等辺三角形や正三角形を見て、気が付いたことがありました。

正三角形は、角の大きさが3つともいっしょなのです。二等辺三角形は、3つの角のうち2つの角の大きさが同じです。それに、ただの三角形は、みんな角の大きさがちがいます。

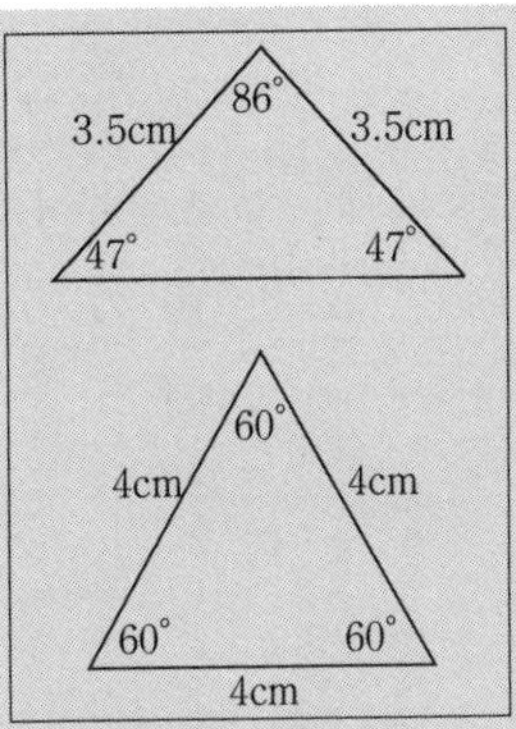

〔27－6〕

正三角形は辺も角もみんな同じで、二等辺三角形は2つの辺と2つの角が同じです。ただの三角形は角も辺もみんなちがいます。

三角形はコンパスとじょうぎがあれば書けます。じょうぎだけでも書けます。どうしてコンパスで書けるのかといえば、1辺が5センチの正三角形を書くなら、コンパスを5センチに開いて書けば良いのです。じょうぎで5センチをはかって書いてもいっしょなのです。それでコンパスの方が書きやすいのでコンパスを使って書くようになったのだと思います。

どうして角が同じだと辺の長さも同じになってしまうのかということは分かりました。どうしてかというと、辺のかたむきが２つ同じだったら、角も２つの角の大きさが、どうしても同じになってしまうのです。本当にそうかはっきりしないので、やってみました。やっぱり思ったとおりでした。二等辺三角形や正三角形は、２つや３つの辺の長さや角の大きさが同じです。

それを四角形で考えると、２つの辺の長さが同じだと、長方形、とびばこ形、平行四辺形になります。３つ以上の辺の長さが同じだと、正四角形とは言わないで正方形と言います。

三角形でははじめて知ったことだけど、四角形で考えると前から知っていることでした。

二　四角形以上の内角の和

三角形の内角の和が１８０度であることを応用して、四角形や五角形の内角についても考えてみましょう。四角形以上（中学校では n 角形と言います）の内角の和は、どこか１つの頂点からその頂点と両隣の頂点を除いた頂点に対角線を引き、いくつかの三角形を作って、その三角形の内角の和で表します（〔27－7〕）。

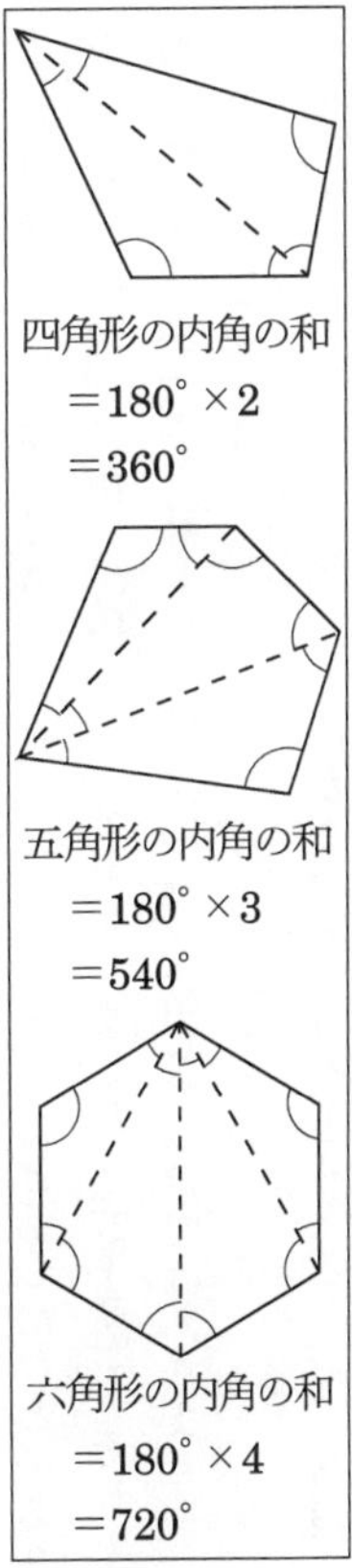
四角形の内角の和
＝180°×2
＝360°
五角形の内角の和
＝180°×3
＝540°
六角形の内角の和
＝180°×4
＝720°

〔27－7〕

コラム・三角形は四角形

以前、４年生に「先生、三角形は四角形だね」と言われたことがありました。

この子が何を言おうとしているのか、咄嗟《とっさ》には分かりませんでした。でも子どもは子どもなりに何かを考えているのです。「三角形が四角形であるはずがないだろう」と言ってしまえばその子の発想は止まってしまうように思われたので、何を言おうとしているのか考えてみました。その子はニコニコしていて、素晴らしいことに気が付いたような顔をしていました。決していい加減なことを言っているのではないと、ふだんから子どもたちを見ているので思いました。

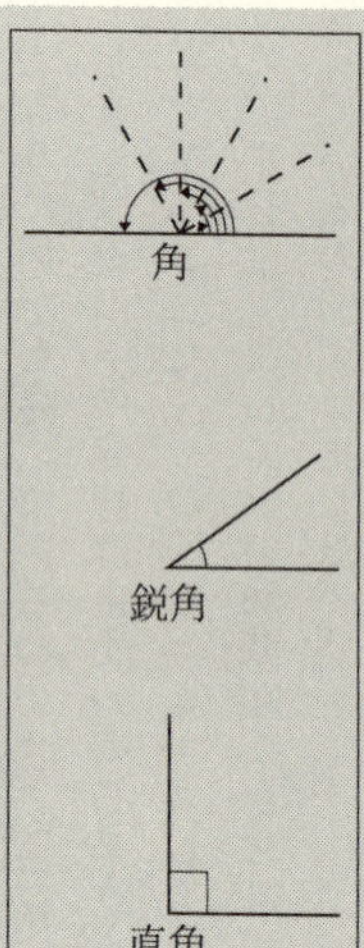

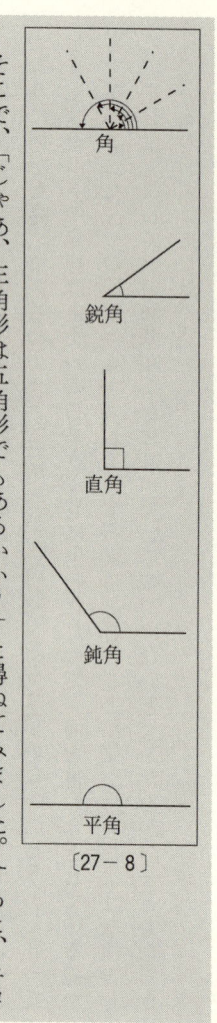

〔27－8〕

そこで、「じゃあ、三角形は五角形でもあるかい？」と尋ねてみました。すると、ニコニコして、そうだと言うのです。そこでこの子が何を言おうとしているのかが分かりました。

「角は1点から伸びる2本の半直線で出来る形です」と話したことがありました。そして、「その2本の半直線の開き具合を角度と言うのです」と話したことがありました。そのとき、鋭角、直角、鈍角、平角についても話しました（〔27－8〕）。それもしっかり教えたのではなく、あっさり話しただけです。深く話したわけではありません。でもその子は、きっとそのときに角に関心を持ったものと思われます。

その子は、「三角形の辺の1箇所を1つの頂点だと考えると、『三角形は四角形だね』」と言っていることが分かりました。頂点の1つは平角の頂点だと言っているのです（〔27－9〕）。私はまず褒めました。

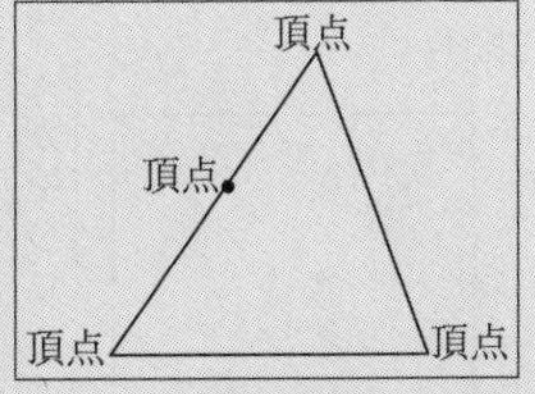

〔27－9〕

「君は、面白いことに気付きましたね。すごいじゃない。素晴らしいことだよ。

でもね、それだと、三角形は、三角形とも四角形とも、五角形とも言えて、何角形だか分からなくなりそうじゃない」

「そうだね」

「だから、何角形と言うときには、平角の頂点は、なしと言うのはどうだろう」

「うん、いいよ」

その子は、納得してくれました。

その子はその後考えることが好きになり、算数が得意になりました。「三角形は四角形だね」と言ったときに、頭から否定して、「三角形が四角形であるはずがないだろう」などと私が言ったら、果たしてその子は、思考を楽しむようになっていただろうかと思いました。子どもたちの言葉は、厳密ではないけれど、子どもなりに素晴らしいことを考えていることがよくあるものだと思いました。

内角の和――子どもの作文から　　四年　Y・K

今僕は算数、その中でも内角と対角線に興味を持っています。今僕は、単語カードを「算数メモ」と名付けて使っていて、中身はクイズなどがあって、自分でも納得する作品です。

内角のきっかけは算数問題集です。三角形の角度の問題をやった時、どういう三角形も内角の和が１８０度になる事を発見しました。新しい事を発見すると面白くなってきて、四角形も正方形で考えてみました。正方形にした理由は、わかりやすい図形の方が考えやすいからです。式は（式①）のとおりです。答は３６０度でした。

次は五角形です。五角形は今までのような考え方は出来ないので、困っていたら、お母さんがヒントをくれて五角形の真中に点を打ちました。お母さんが、「三角形に分けて、……」と言ったところで僕が、「わかった！」と言って、五角形の中心の点と5つの頂点を直線で結びました。すると三角形が5つ出来て、図②のように、ある1本の直線から1周します。すると３６０度です。これを5で割ると図②のアの角度が出ます。その角度を１８０から引くと、イとウの角度の和が出ます。これ

図①

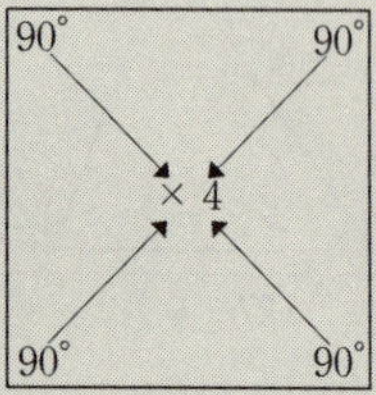

式①
90°×4＝360°

〔27−10〕

に5（角数）をかけると答が出ます。理由は小さな同じ三角形（正五角形の場合）が5個集まっているから、これを式にすると、式②の〔公式①〕になります。今までの事を応用して作った式です。

正六角形もこの公式を使うと出来ます。式③〔公式②〕の式です。七角形はやってみたら割り切れないで、51余りになってしまいました。困ってしまってお母さんに相談したら、「小数第一位で切り捨てにしたら」と言ったので、それで計算してみました。903度が答でした。

八角形は1080度、九角形は1260度、十角形は1440度、百角形は17700度、361度からは僕の頭では計算出来ないので、計算機を使って自分でやってみました。

千角形は179640度。

算数メモの次のページはクイズで、2つあります。

クイズの①は、「三百六十角形の内角の和は?」で、クイズ②は、「十万角形の内角の和は?」とい

図②

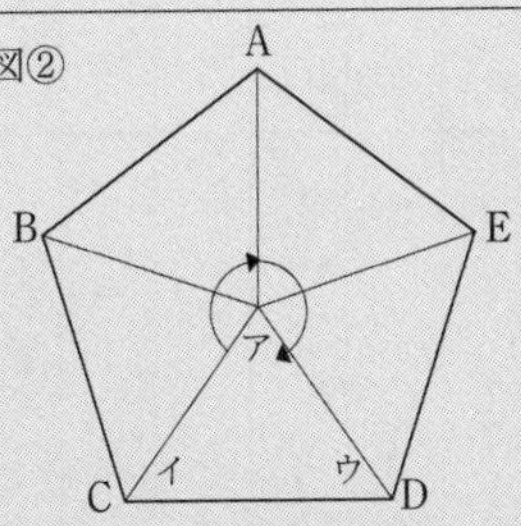

式②〔公式①〕

$(180-360\div x)\times x=A$

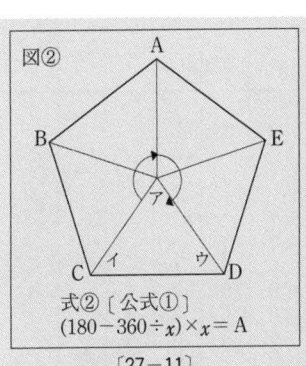

〔27－11〕

式③〔公式②〕

正六角形

$(180-360\div x)\times x=A$

x は角数、この場合 x は6

Aは答

〔27－12〕

	度数	規則
一	なし	？
十	１４４０度	？
百	１７７００度	？
千	１７９６４０度	？
一万	１７９９６４０度	一万に９
十万	１７９９９６４０度	十万に９
百万	１７９９９９６４０度	百万に９
千万	１７９９９９９６４０度	千万に９
一億	１７９９９９９９６４０度	一億に９

〔27－13〕

うものです。クイズ①の答は、６４４４０度で、クイズ②の答は、１７９９６４０度です。公式さえ分かれば、どんな大きな数だってわかってしまうのです。

　今までのまとめで、表（〔27－13〕）を作ってみました。表を見て分かった事は、規則の欄に書いてあることです。つまり内角の増えていく割合です。

　僕は今まで公式でやっていたけど、規則が分かるともっと簡単で、すらすらと分かっていくので、気持ちがいいです。

　けれども、五千六百七十六兆七千百六十億五千六百九十二万六千六百八十一角形とか、はんぱで大きい数は規則が使えないので、小さな規則はないかと調べたら、算数メモだと一角形増えるごとに１８０度ずつ増えていくので、

（それが規則なんだ。うん、きっとそうだ。これで無敵だ。）

と思って見たら、七角形だけちがうので、
（おかしいぞ。あやしい、調べてみよう。）
と思ったら、小数点以下があることに気がついて、小数点以下を順番にたしてみたら、だんだん９００（六角形の内角の和から１８０増えた数）に近づいて、小数以下を全部たしたら、900.00001となりましたが、どうしても９００にはなりませんでした。

１８０ずつ増える規則が分かっても、大きい規則と同じようにすごく大きくて半端な数は、やっぱり小さい規則でも何回かかけなきゃいけないので、大変なんだなぁ、やっぱり公式が一番便利で使いやすいんだなぁと思いました。

算数メモはすごく面白いので、国語メモも作ってみようと思います。算数メモが全部終わる時には、お父さんやお母さんが知らない事もいっぱいあるだろうと考えると、何かわくわくしてきます。これから先もずうっと続けようと思います。

三　平行四辺形の対角線

小学校では、平行四辺形を描いたり、切ったり、重ねたり、コンパスを使ったりして、対角線の性質を調べます。

①平行四辺形の2組の向かい合った辺（対辺）はそれぞれ平行で、長さが等しいです。

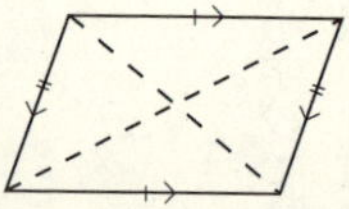

②平行四辺形の対角線は互いに他を2等分します。

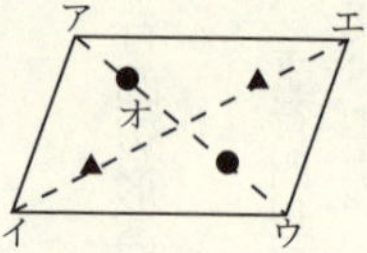

③平行四辺形の2組の向かい合った角（対角）はそれぞれ等しいし、隣り合った角の和は180°です。

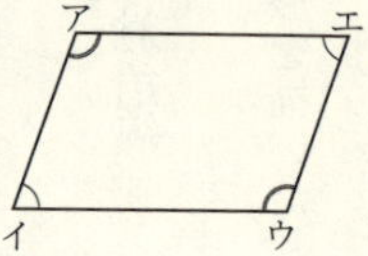

アの角＝ウの角

イの角＝エの角

アの角＋エの角＝180°

アの角＋イの角＝180°

平行四辺形の内角の和も360°です。

アの角＋イの角＋ウの角＋エの角＝360°

④対角線で切ったときにできる2つの三角形は合同です。

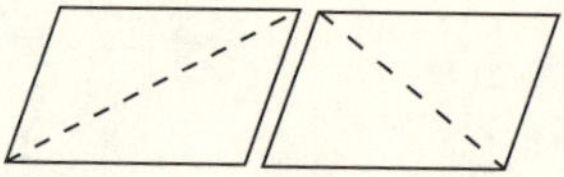

⑤2本の対角線で切ったときにできる4つの三角形は、向かい合った三角形がそれぞれ合同です。

⑥2本の対角線の長さが等しい平行四辺形は長方形です。

〔27−14〕

調べることは、①2本の対角線の長さ、②対角線の交点から頂点までの長さ、③向かい合った角の大きさ、④隣り合った角の大きさ、⑤平行四辺形の内角の和、⑥平行四辺形を対角線で切ったときにできる三角形の形、⑦2本の対角線で切ったときにできる三角形の形などです（〔27－14〕）。

四　ひし形の対角線と角の性質

次にひし形の対角線と角の性質を調べてみましょう。

調べることは、①2本の対角線の長さ、②2本の対角線の交わり方、③対角線で切ったと

①ひし形の4つの辺の長さはすべて等しいです。

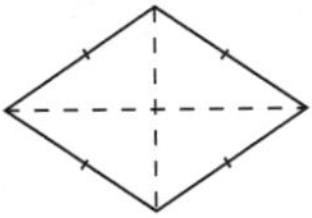

②2本の対角線は直角に交わります。

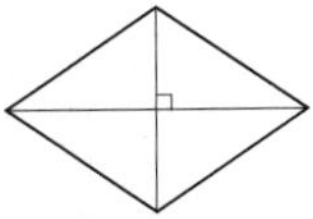

③1本の対角線で切ったときも、2本の対角線で切ったときも、出来る三角形はすべて合同です。

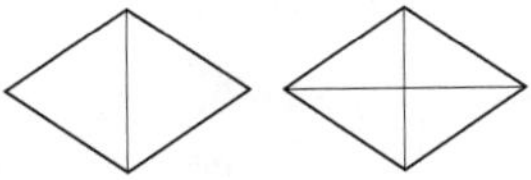

④ひし形は平行四辺形だから向かい合う角の大きさは同じです。
⑤隣り合う角の和は180°です。
⑥ひし形の対角線が垂直に交わり、互いに他を2等分する性質を用いて、まず対角線を描いてから辺を描くとひし形が描きやすいです。

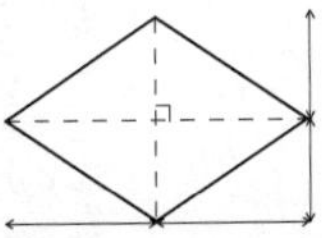

⑦2本の対角線の長さが等しいひし形は正方形です。

〔27－15〕

きに出来る三角形の形、④向かい合った角の大きさ、⑤隣り合った角の和、⑥ひし形の対角線の性質を使った作図です（〔27―15〕）。

五　三角定規の角

三角定規は、45°、90°の定規と、30°、60°、90°の定規があります。この2つの定規を組み合わせるといろいろな角度を作ることができます（〔27―16〕）。授業でも、どんな角が出来るか、いろいろ考えさせながら作らせます。

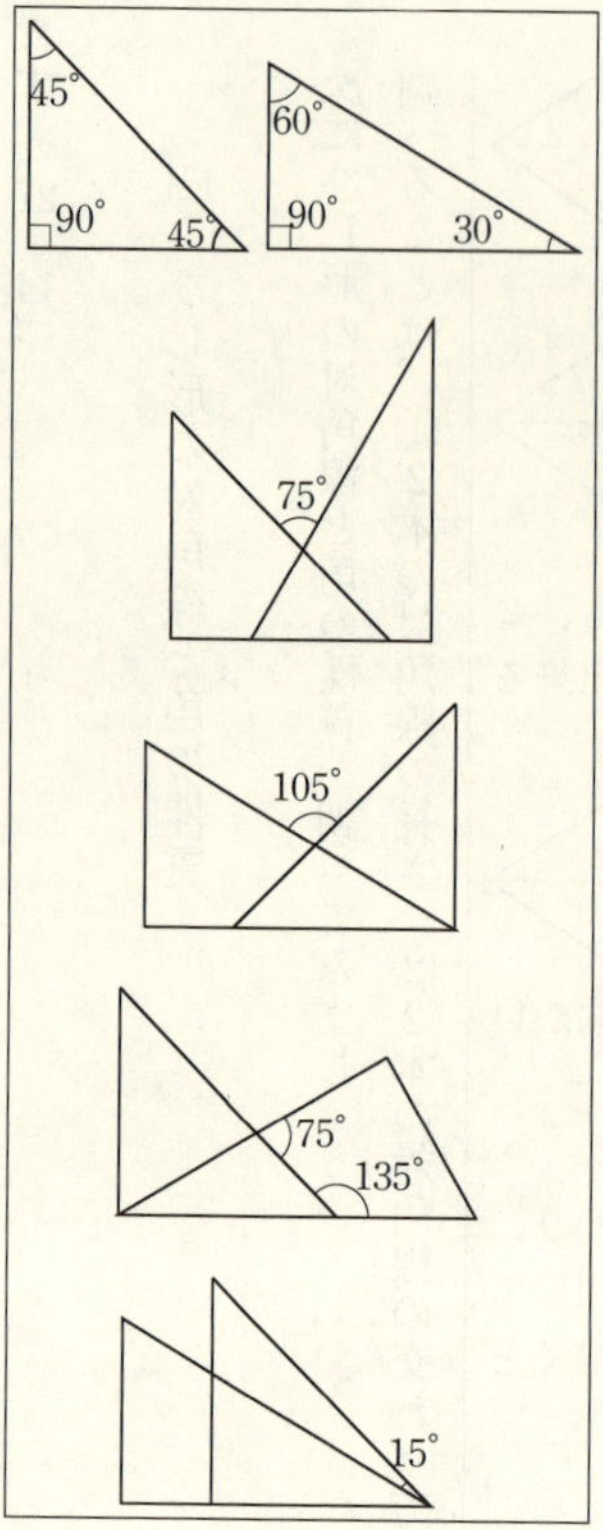

〔27―16〕

28　面積のもとは長方形

縦1センチ、横1センチの正方形と同じ広さを1平方センチメートルと言い、1㎠と書きます。同様にして、縦1メートル、横1メートルの正方形と同じ面積は、1平方メートル、縦1ミリメートル、横1ミリメートルの正方形と同じ面積は、1平方ミリメートルです。

〔28－1〕の図形の色の付いた部分の面積は、形はさまざまですがどれも1㎠です。ではなぜどれも同じ面積だと言えるのでしょうか。図形ごとに面積を調べてみましょう。

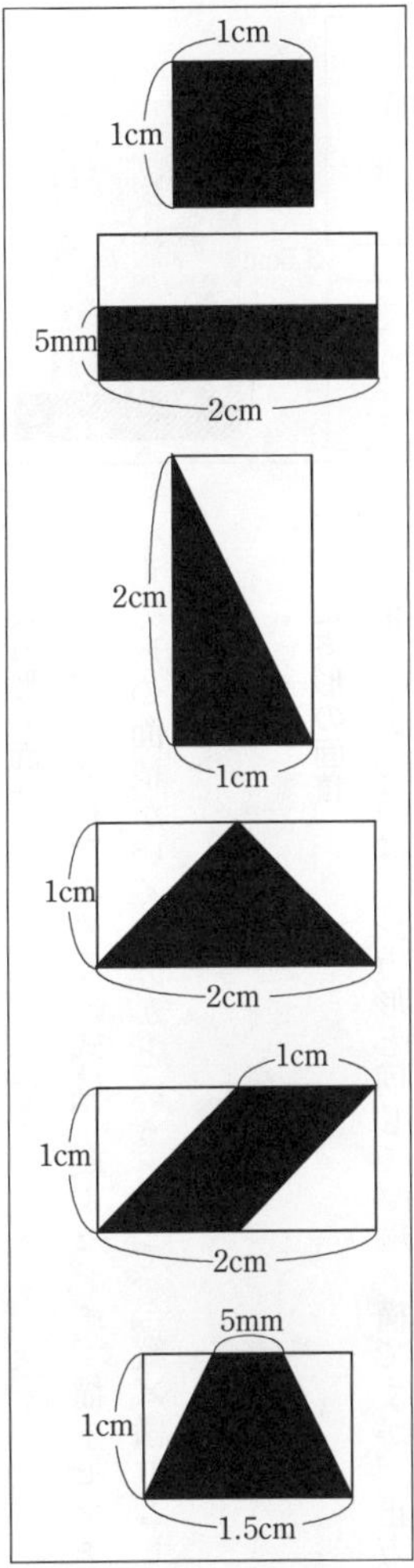

〔28－1〕

$$(2+0.4)\times(3+0.5)$$
$$=2\times3+2\times0.5+0.4\times3+0.4\times0.5$$
$$=6+1+1.2+0.2$$
$$=8.4$$

長方形の面積＝縦×横
正方形の面積＝一辺×一辺＝(一辺)^2
平行四辺形の面積＝底辺×高さ

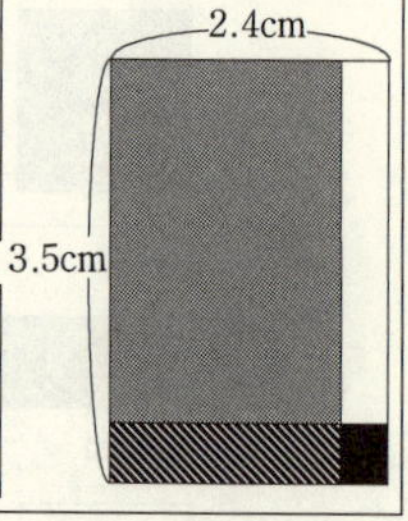

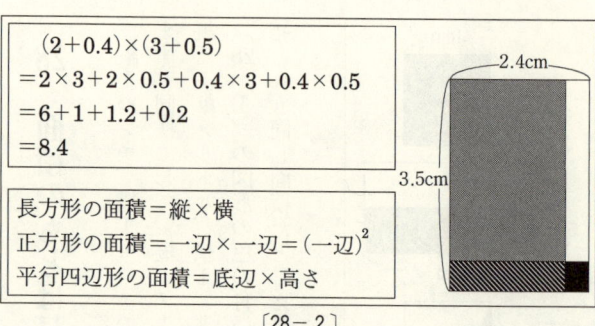

〔28－2〕

長方形の面積

長方形の面積を求める公式は、縦1センチ、横1センチの正方形の面積がいくつ分かということで、「縦×横」としています。

正方形の面積

正方形の面積は、長方形と同じで、縦×横ですが、正方形は縦と横の長さが等しいので、「1辺×1辺」と言います。中学生なら、「1辺の2乗」とします。

平行四辺形の面積

平行四辺形ABCDから直角三角形ABEを三角形DCFに移動して長方形AEFDを作ります（〔28－3〕）。平行四辺形ABCDと長方形AEFDは同じ面積です。ですから、平行四辺形ABCDの面積はB

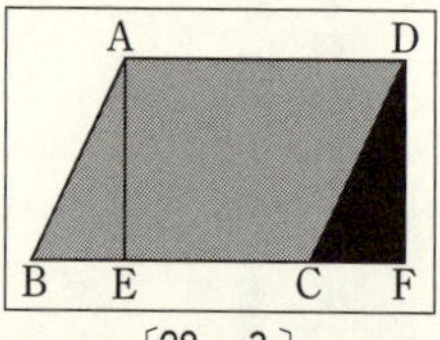

〔28－3〕

C×DFです。平行四辺形の面積の公式は、縦×横ではなく、「**底辺×高さ**」と言います。

三角形の面積

三角形は、合同な三角形をもう1つ付けることで、平行四辺形にすることが出来ます。ですから、三角形の面積は平行四辺形の半分と言えます。三角形の面積は、「**底辺×高さ÷2**」と言えます。

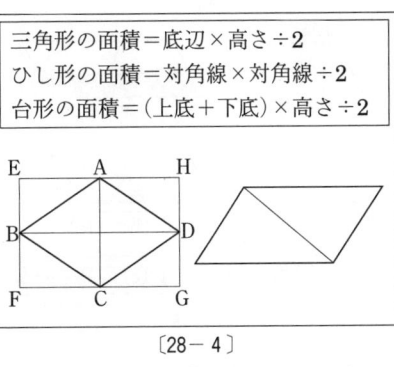

三角形の面積＝底辺×高さ÷2
ひし形の面積＝対角線×対角線÷2
台形の面積＝(上底＋下底)×高さ÷2

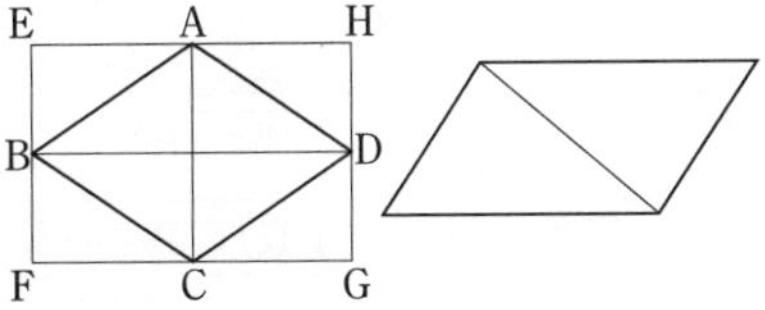

〔28－4〕

ひし形の面積

ひし形は、4つの辺の長さがすべて等しい四角形です。どんなひし形も2本の対角線は直角に交わるという性質があります。

そのためひし形の面積の2倍の面積で長方形にすることができます。長方形EFGHの縦の長さは対角線ACの長さと同じ長さですし、横の長さは対角線BDの長さと同じです。

ひし形ABCDの面積は、長方形EFGHの半分ですから、「対角線×対角線÷2」と言えます。

台形の面積

台形は、1組の対辺（向かい合った辺）が平行な四角形です。その平行な辺の片方を「上底」（上の底辺の意味ですが、上でなくてもよいです）と言い、もう一方を「下底」と言います。そして、2本の平行線の幅を「高さ」と言います。

台形も、三角形の面積のように合同な台形をもう1つ逆さまにして2つ付けることで、平行四辺形を作ることができます。この平行四辺形の底辺の長さは、上底と下底を合わせた長さで、高さは、その台形の高さと同じです。合同な2つの台形で平行四辺形を作ったので、もとの台形の面積は平行四辺形の半分です。

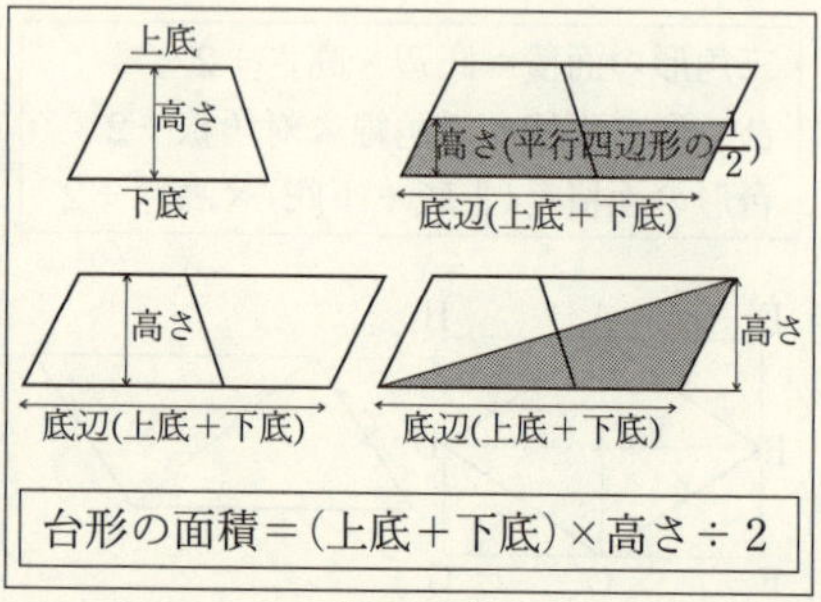

〔28－5〕

ですから、台形の面積は、「(上底＋下底)×高さ÷2」の公式で表せます。

前述の通り、平行四辺形の面積は、長方形の面積を基にして説明できますから、台形の面積も長方形を基にして表せると言えます。

ところで、〔28－5〕の（ア）のように合同な2つの台形を逆さまにして2つ付けて平行四辺形を作り、高さが$\frac{1}{2}$になる平行四辺形を作れば、もとの台形の面積と同じです。また、（イ）のように合同な2つの台形を逆さまにして2つ付けて平行四辺形を作り、1本の対角線で三角形を作れば、もとの台形の面積と三角形の面積は同じです。

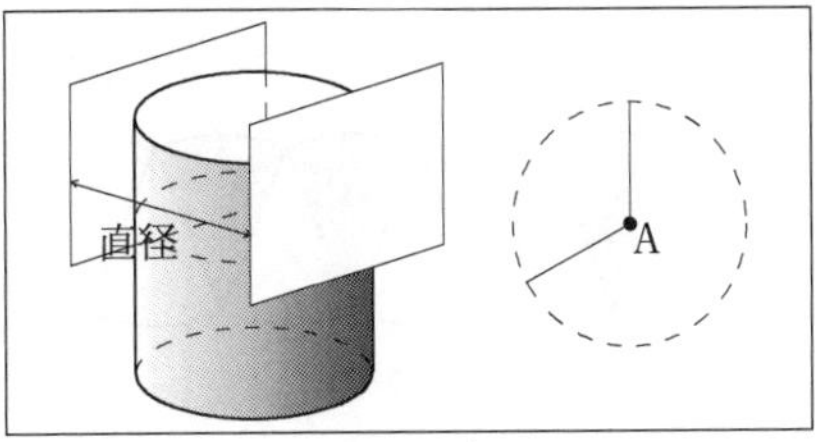

〔28－6〕

円の面積

円の面積の求め方も、長方形を基にして説明することができます。まず、円の面積を求める前に円の性質と、円周率という言葉について説明しましょう。

「円」というのは、ご存知のように「丸」とは違います。1つの点から等距離にある点を集めたものが「円」です。その1つの点を円の「中心」といい、円の周りを「円周」と言います。中心から円周までを「半径」、中心を通って円周から円周までを「直径」ということは、ご存知でしょう。

どんな円でも、円周の長さはその円の直径の約3.14倍です。小学生には、缶詰の空き缶や円筒などの周囲と直径を、巻尺や紐、定規

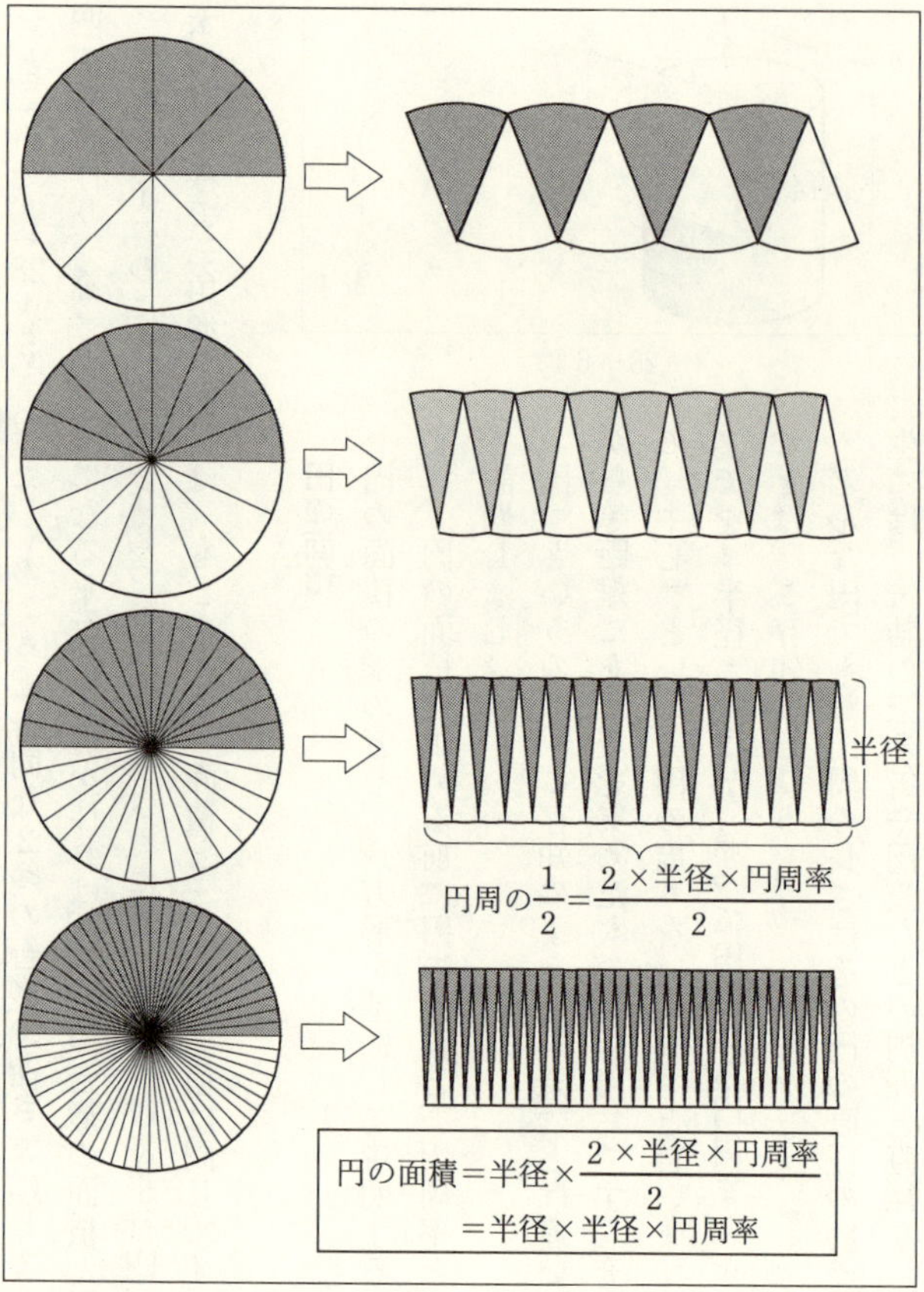
半径
円周の$\frac{1}{2}$＝$\frac{2 \times 半径 \times 円周率}{2}$
円の面積＝半径×$\frac{2 \times 半径 \times 円周率}{2}$
＝半径×半径×円周率

〔28－7〕

を使って測らせます（〔28－6〕）。そして、（円周÷直径）を計算させますが、なかなか円周は直径の3.14倍にはなりません。最後には、先生が「正確にきちんと測れば、どんな円でも円周は直径の3.14……倍になるのです」と謝ります。

円の面積を求めるには、1つの円を切り抜き、さらに半径に沿って切り、同じ形のたくさんの扇形を作ります。隣にあった扇形を逆さまに隣り合わせて平行四辺形のような形を作ります。円を細かく切れば切るほど平行四辺形に近付きます。小学生には、無限や極限、積分は使えませんから、この程度の説明ですが、円の面積も、長方形を基にして説明をしています（〔28－7〕参照）。

四角形・三角形の面積は、台形の面積で

四角形・三角形の面積の公式を、台形の面積の公式で説明することもできます。

台形＝（上底＋下底）×高さ÷2

長方形＝（上底＋下底）×高さ÷2

＝横の長さの2倍×縦÷2

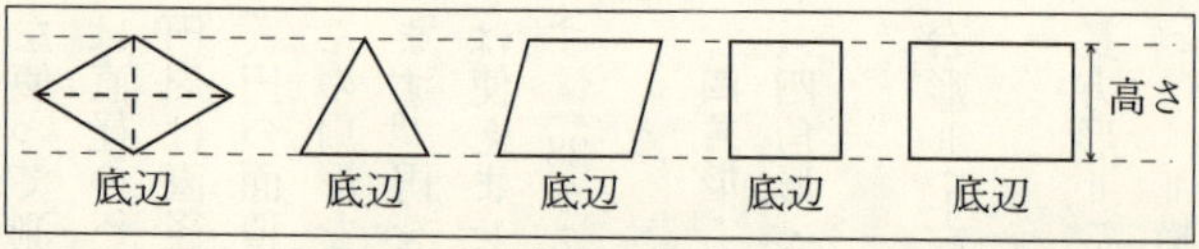

〔28－8〕

=横×縦

正方形=(上底+下底)×高さ÷2

=横×2×縦÷2

=1辺×1辺

平行四辺形=(上底+下底)×高さ÷2

=底辺×2×高さ÷2

=底辺×高さ

三角形=(上底+下底)×高さ÷2

=(0+底辺)×高さ÷2

=底辺×高さ÷2

ひし形=(上底+下底)×高さ÷2

=1つの対角線×他の対角線÷2

＝対角線×対角線÷2

29 立体図形の表し方

私たちは三次元の世界に住んでいます。立体図形は身の周りにたくさんあります。子どもたちも小さいときから積み木やサイコロで遊んだりして、直方体や立方体は、身近に感じています。円柱の形をしたコップで牛乳を飲んだこともあるでしょう。お祭りなどで円錐《えんすい》の帽子をかぶった経験もあるのではないでしょうか。立体図形は子どものころから親しみのある形なのです。

しかし、立体図形を紙の上に表現するのは簡単ではありません。立体の凹凸を平面に表すのが難しいのです。例えば、世界地図を描くときに、南北に行くほど赤道辺りより広く見えてしまうけれど世界の国の位置が分かるような描き方をしたメルカトル図法や、土地の広さが分かるように果物の皮をむいた上に写して描いたような描き方をしたホモロサイン図法など、球面上の土地を平面に描くのにも、いろいろな工夫がなされてきました。

〔29－1〕

算数で扱う立体図形は、柱体と錐体《すいたい》と球と正多面体です。柱体は角柱と円柱、錐体は角錐《かくすい》と円錐です。斜角柱や斜円柱、斜角錐や斜円錐は扱いません。

一　見取図

立体を平面上に表す方法の1つに「見取図」があります。見取図は、目に見える形と似たように分かりやすく描いた図です。立方体や直方体は日常生活でよく見かける立体です。子どもたちは積み木のように積んだり、ロボットを作ったりして遊んでいます。低学年のときには直方体を「箱の形」として扱っています。これらの形を、目で見たように描いた図が見

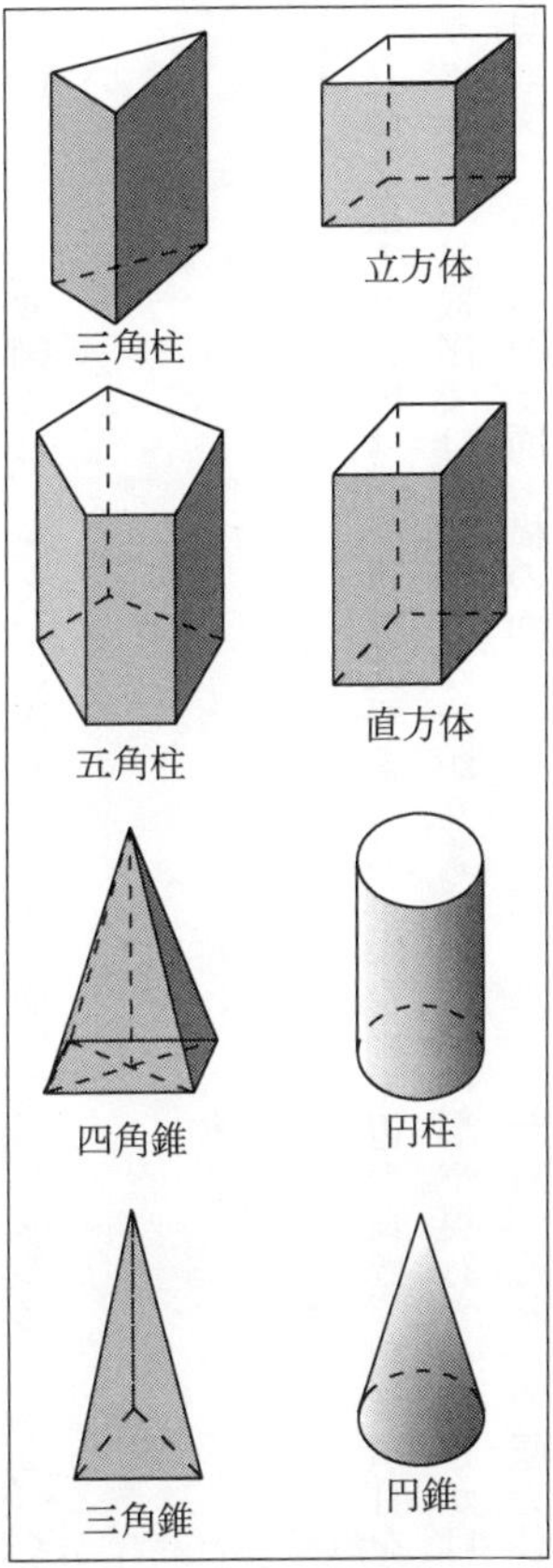

〔29－2〕

取図です。見取図では、見えない部分は点線で描いて、全体の形がなるべく分かるようにしています（〔29－2〕）。

二　展開図

立体を扱うときには、その構成要素である面の形や辺の長さ、角度に目を向けなければなりません。見取図では全体の形は分かりますが、面の形や奥行きの長さがはっきりしません。見取図で直方体の正面も横の面も長方形に描いたとしたら、それこそ直方体には見えません。そこで、面の形が分かるように辺の一部分を切って開いたように一続きで描いた図が「展開

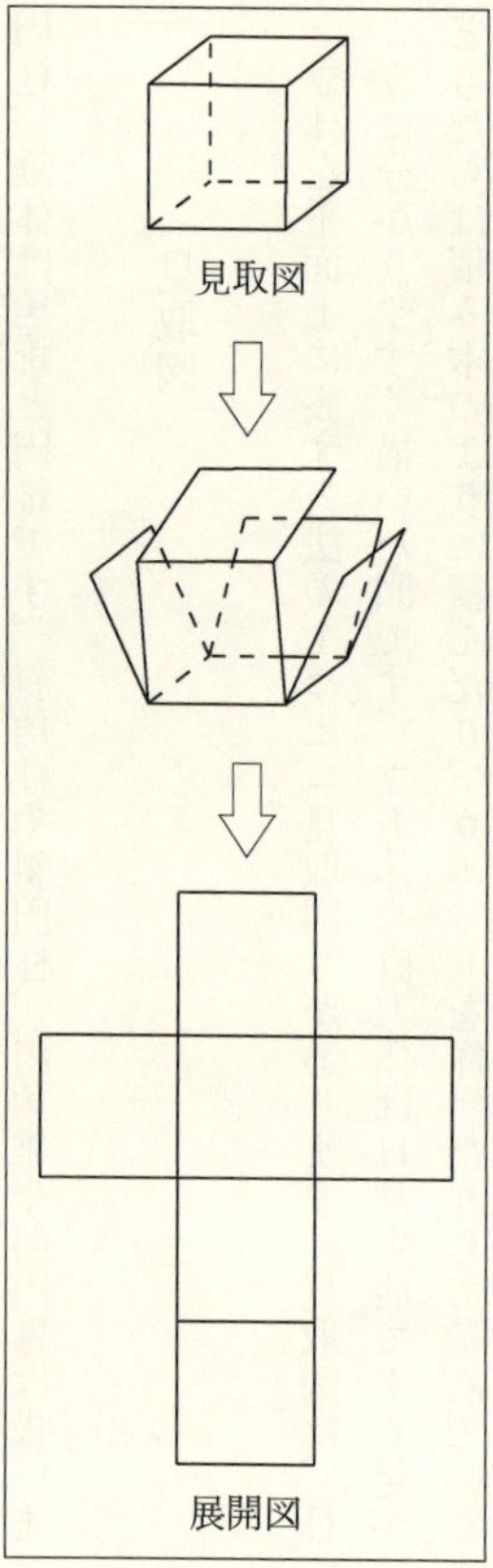

〔29－3〕

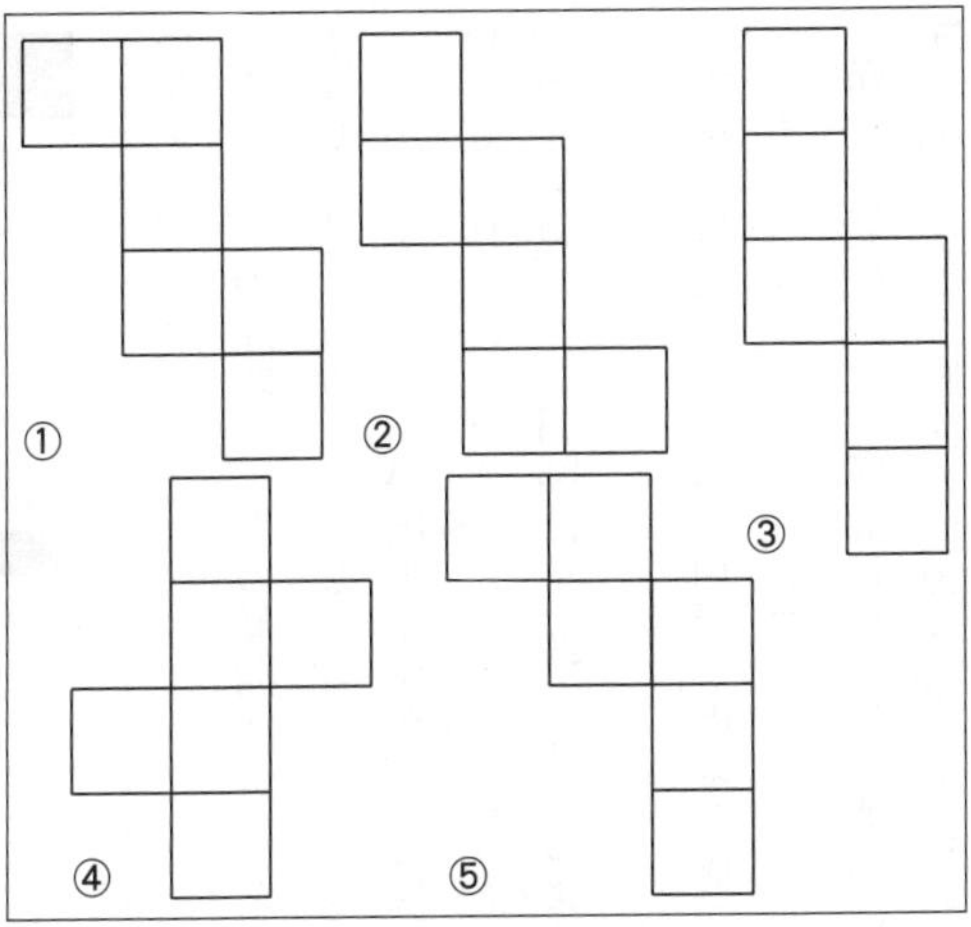

〔29－4〕

図」です（〔29－3〕）。

展開図は各面の形と辺の長さは分かりますが、どんな立体か全体の形が分かりにくいのが欠点です。

〔29－4〕の①から⑤までの図は、立方体の展開図を描いたものですが、組み立てたときに立方体にならないものがあります。それはどれか分かりますか。このように分かりづらいのが展開図の短所なのです。

展開図を簡単に作るには、直方体や立方体の箱を面の辺に沿って平面になるように一部を切り離し、1枚の展開図にすればよいのです。展開図ともとの立体との関連は理解が難しいので、実際に展開図をセロテープで張り合わせて組み立ててみるとよいでしょう。円柱や円錐の展開図は、立体の側面が分かりにくいので、実際に作ってみるとよいと思います。展開図を組み立てたとき、どの辺とどの辺が合わさるかと考えると、円柱の側面の長方形の横の長さと底面の円周の長さが等しいことが分かります。円錐も側面の扇形の弧の部分と底面の円周の長さが等しいことが分かります。

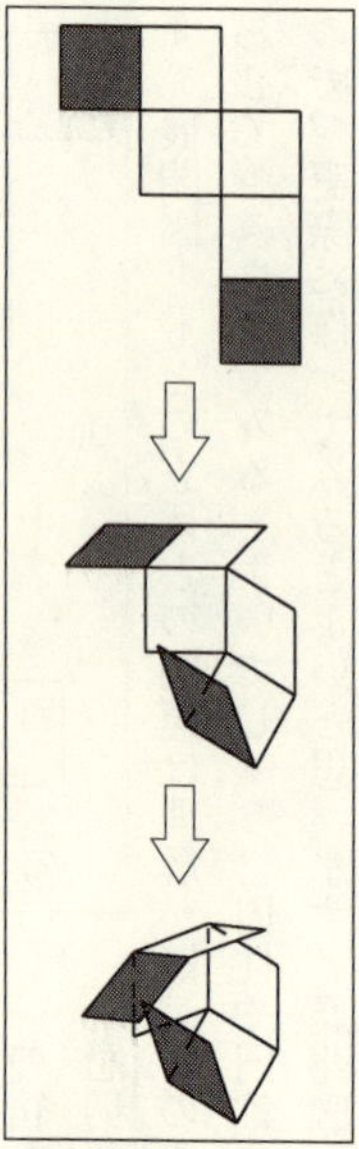

〔29－5〕

〔29－4〕の問題は、どの展開図なら立方体になるか、実際に切って組み立ててやってみるとよいと思います。そして、徐々に頭で考えられるようになればよいでしょう。

①から④は立方体が出来ますが、⑤だけは〔29－5〕のようにグレーの面がダブってしまい、立方体にはなりません。

円柱や角柱の展開図は、〔29－6〕のようになります。

角錐の側面は二等辺三角形、円錐の側面は曲面です。角錐や円錐の頂点は側面の集まった点です。円錐の頂点から底面の円周までの線分を「母線」と言います。

角錐の展開図は、底面が多角形で側面は二等辺三角形です。円錐の側面の展開図は扇形です（〔29－7〕）。底面の円周と扇形の弧の長さは等しいです。そのため、底面の円の半径

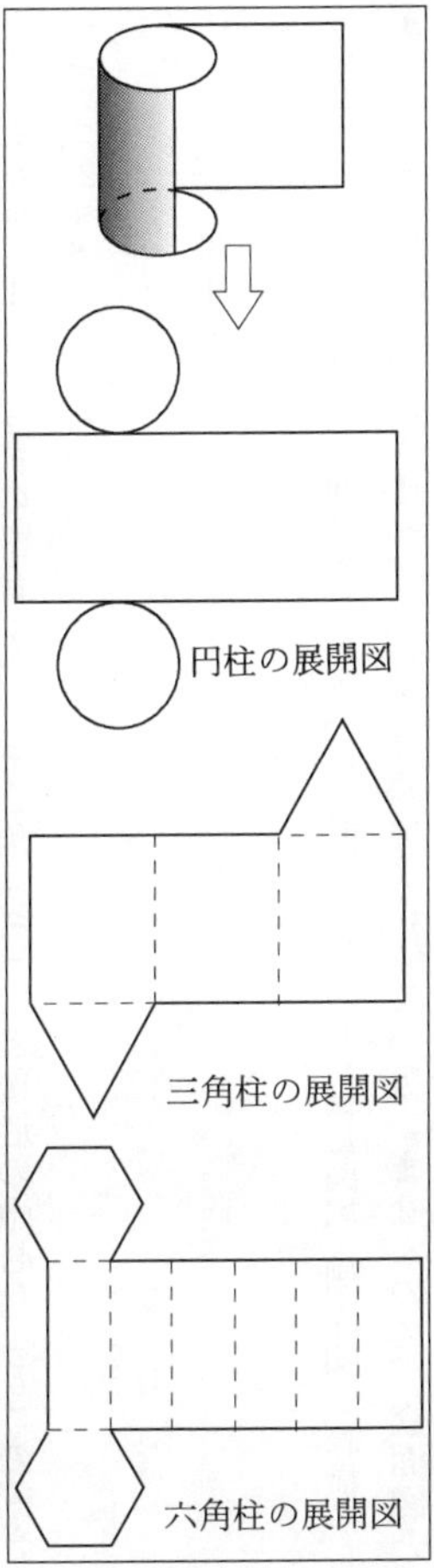
円柱の展開図
三角柱の展開図
六角柱の展開図

〔29－6〕

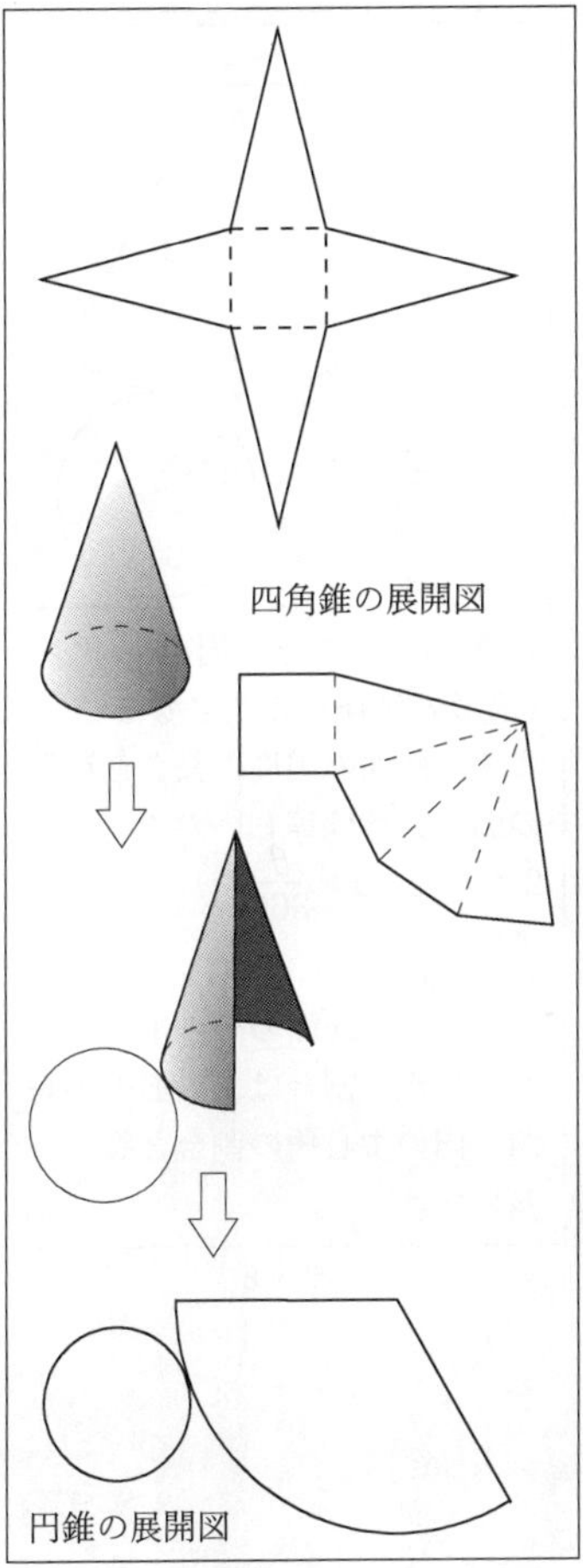
四角錐の展開図
円錐の展開図

〔29－7〕

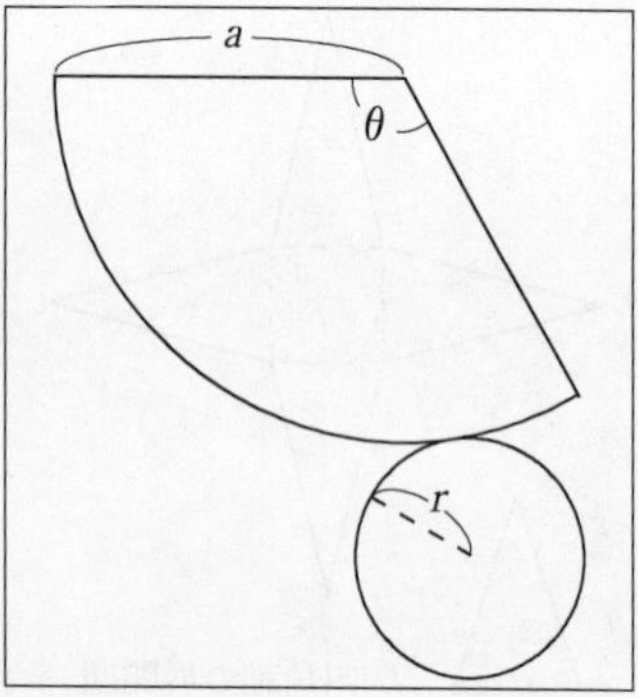

底面の半径をr、円錐の母線（扇形の半径）の長さをaとします。底面の円周の長さと扇形の弧の長さは等しいので

$$2\pi r=2\pi a\times\frac{\theta}{360}$$

$$\frac{r}{a}=\frac{\theta}{360}$$

ですから、底面の円の半径と扇形の半径の割合は、扇形の中心角と円の中心角の割合と等しいのです。

〔29－8〕

（r）と扇形の半径（a）の割合は円の中心角（360°）と扇形の中心角（θ）の割合と等しいです（〔29－8〕）。

三　投影図

投影図は、立面図（正面から見た図）、平面図（真上から見た図）、側面図（真横から見た図）の3つで立体を表すのですが、算数では簡単な立体しか扱いませんので、立面図と平面図だけで側面図は扱っていません。「投影図」という言葉も使わずに、「正面から見た図」「真上から見た図」と言っています。

「正面から見た図」「真上から見た図」から、どんな立体を表しているかを推測するのです。それによって、立体の面の形や底面と側面の幅が等しいことなどに気付かせています。

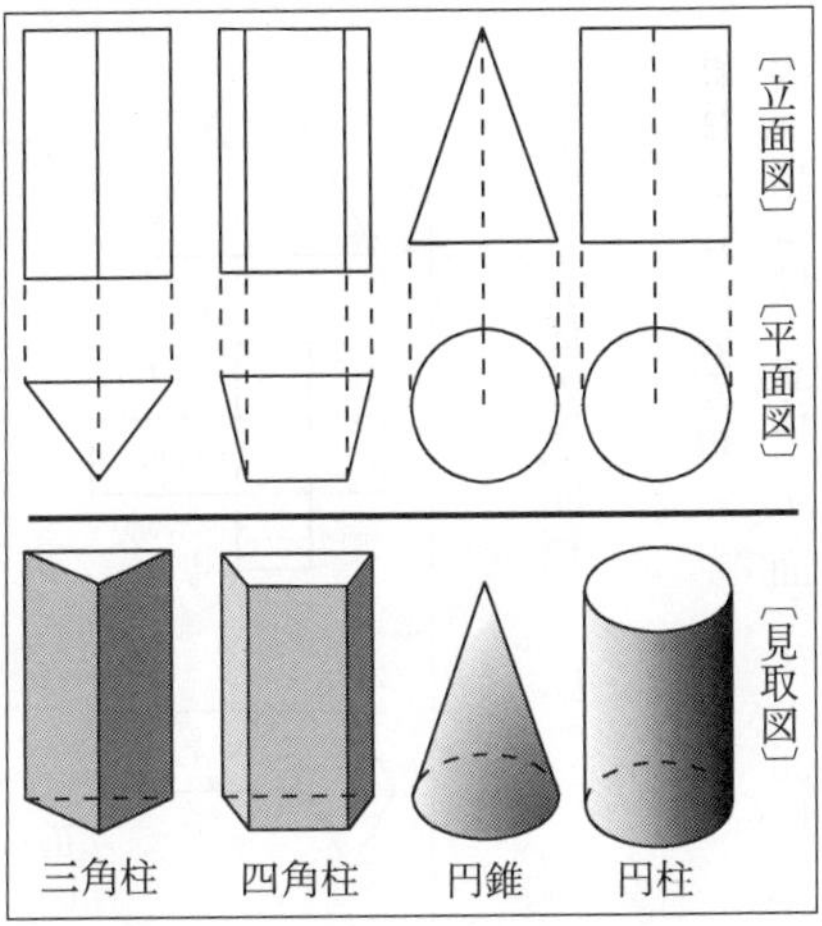

〔29－9〕

四　正多面体

角柱や角錐のように平面だけで囲まれた立体を**多面体**といいます。多面体のなかで、すべての面が合同な正多角形で出来ているものを**正多面体**といいます。

正多面体は、正四面体、正六面体（立方体）、正八面体、正十二面体、正二十面体の5種類しかありません（〔29－10〕）。

五　立体の表面積

角柱・円柱の表面積

表面積とは、立体の表面全体の面積です。立体をペンキの中に浸《つ》けたときに色の付く部分

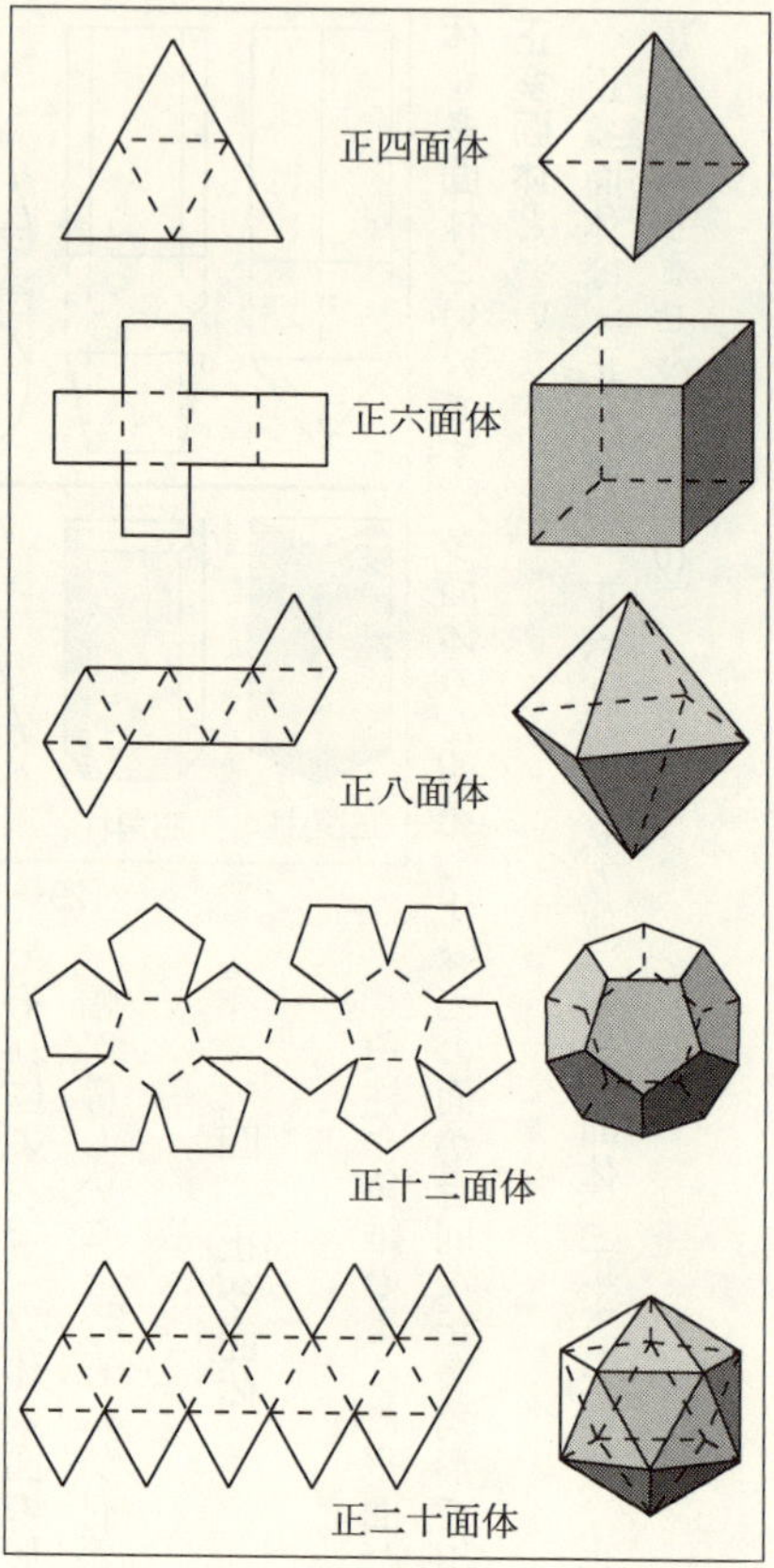

〔29−10〕

の面積のことです。立体の表面積は、展開図で考えると便利です。

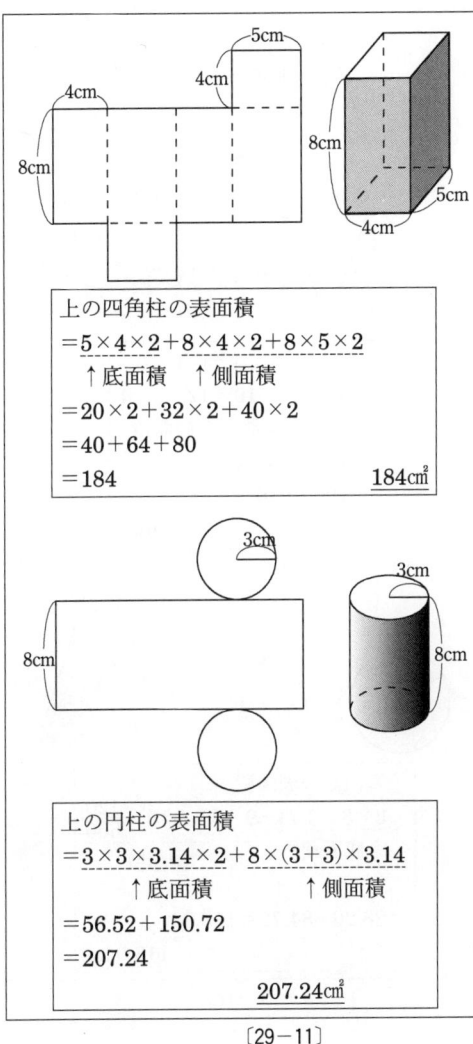

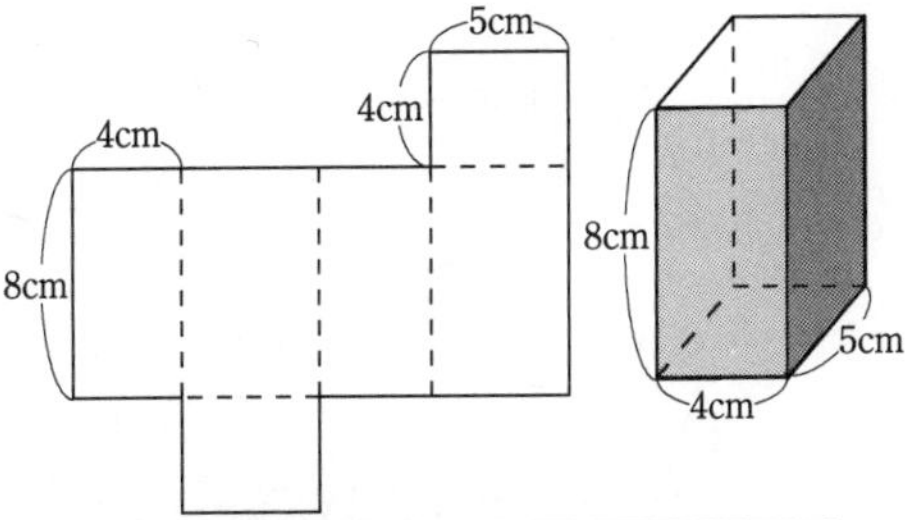

上の四角柱の表面積

＝5×4×2＋8×4×2＋8×5×2

　↑底面積　↑側面積

＝20×2＋32×2＋40×2

＝40＋64＋80

＝184　　　　　　184㎠

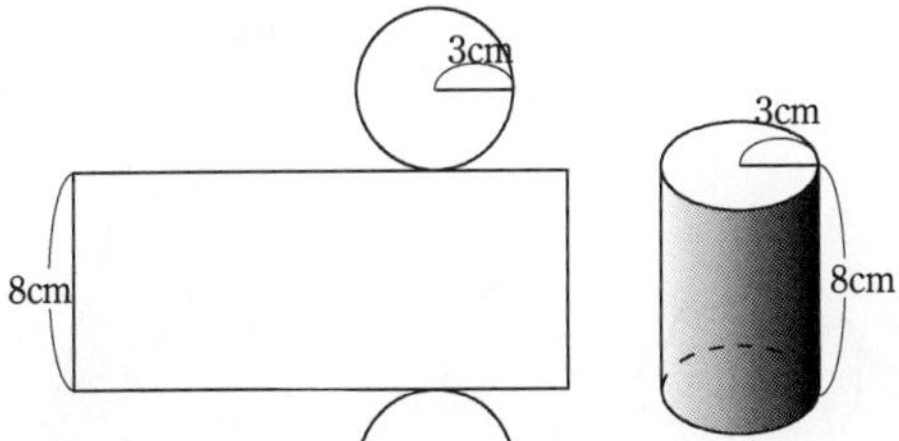

上の円柱の表面積

＝3×3×3.14×2＋8×(3＋3)×3.14

　　↑底面積　　　　↑側面積

＝56.52＋150.72

＝207.24

207.24㎠

〔29−11〕

角錐・円錐の表面積

角錐・円錐の表面積も、展開図を作って求めます〔29－12〕。

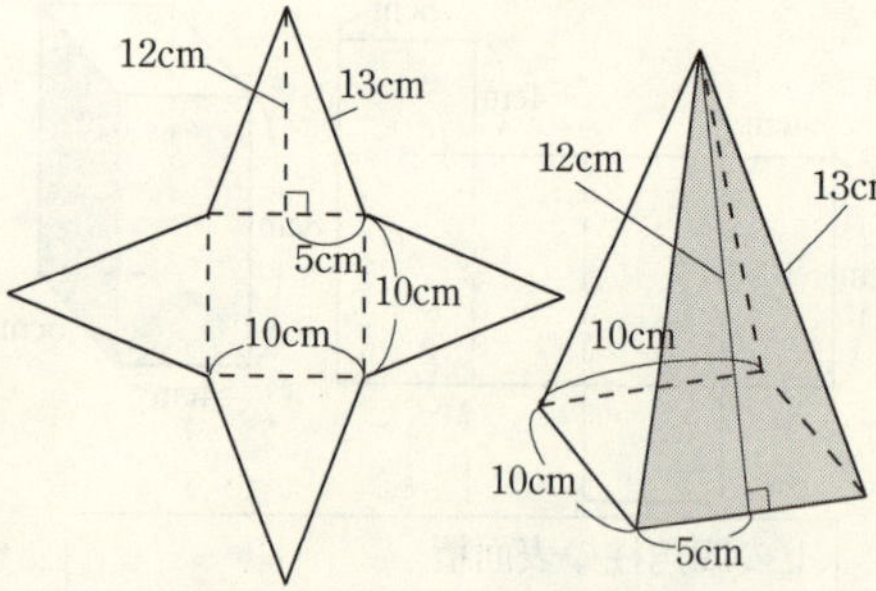

上の四角錐の表面積

$\underline{10\times10}+\underline{10\times12\div2\times4}$

↑底面積　↑側面積

$=100+60\times4$

$=100+240$

$=340$　　340㎠

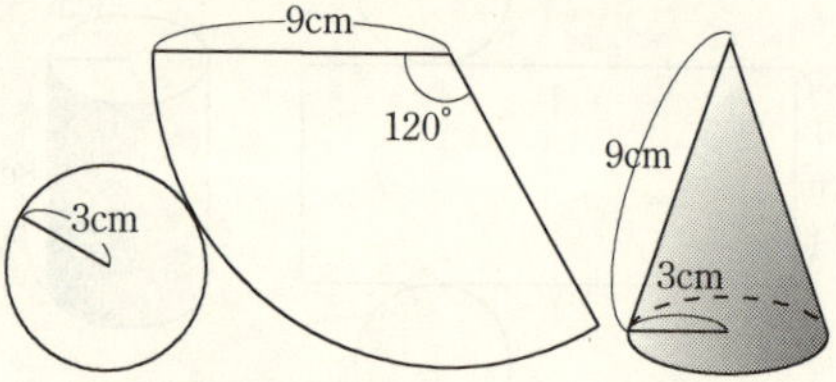

上の円錐の表面積

$\underline{3\times3\times3.14}+\underline{9\times9\times3.14\times\frac{120}{360}}$

↑底面積　↑側面積

$=28.26+84.78=113.04$

113.04㎠

〔29－12〕

六　立体の体積

角柱・円柱の体積

柱体の体積は、（底面積×高さ）で求められます（〔29－13〕）。

角錐・円錐の体積

錐体の体積は、（底面積×高さ÷3）です（〔29－14〕）。底面積と高さの等しい円柱と円錐の入れ物で円錐にいっぱい入れた水や砂を、円柱に入れるとちょうど$\frac{1}{3}$になります。小学校では実際に子どもにやって見せます。

右の三角柱の体積

(6×8÷2)×15

↑底面積　↑高さ

＝24×15

＝360　　360㎤

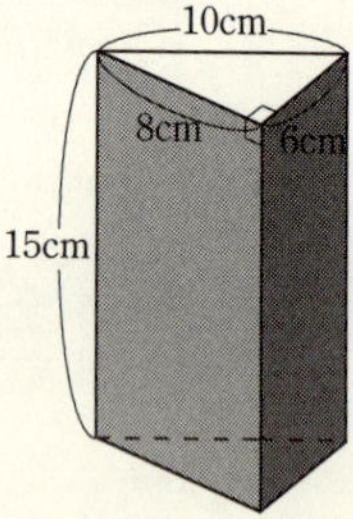

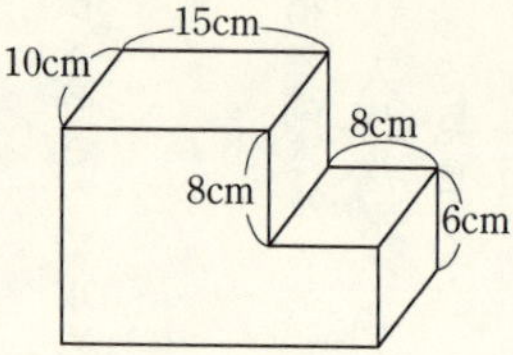

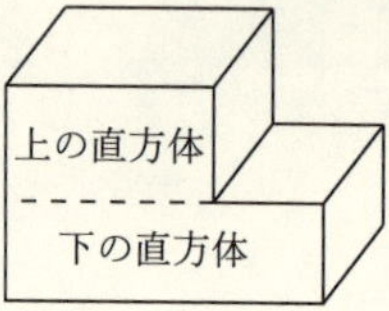

上の立体の体積

10×15×8＋10×(15＋8)×6

↑上の直方体　↑下の直方体

＝1200＋1380

＝2580　　2580㎤

右の円柱の体積

(8÷2)×(8÷2)×3.14×12

↑底面積　↑高さ

＝4×4×3.14×12

＝50.24×12

＝602.88　　602.88㎤

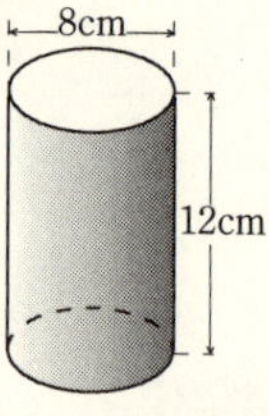

〔29−13〕

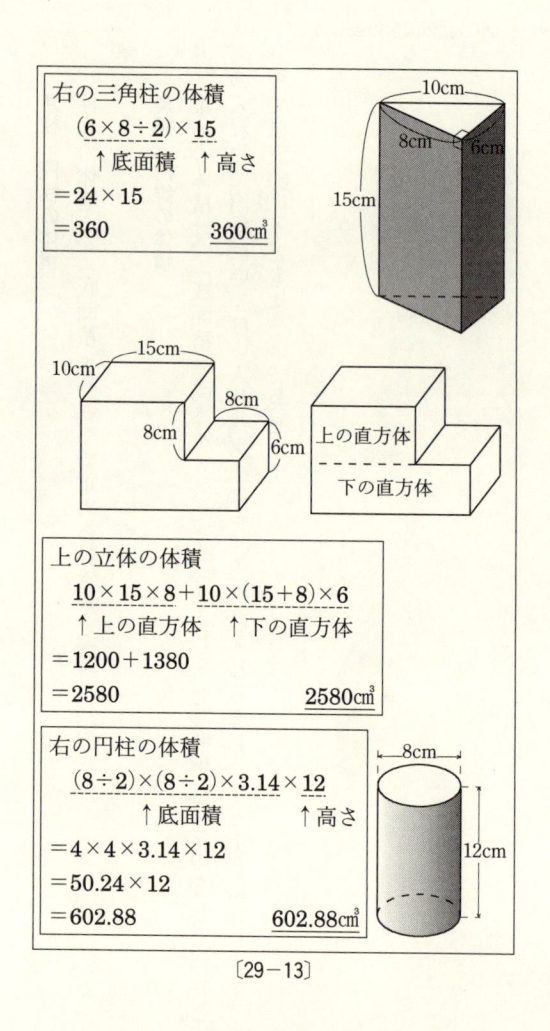

右の四角錐の体積

$5\times5\times9\div3$

底面積↑　↑高さ

$=25\times9\div3$

$=75$　　**75cm³**

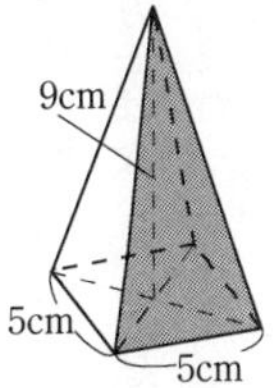

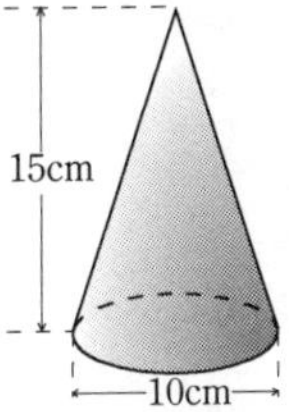

左の円錐の体積

$(10\div2)\times(10\div2)\times3.14\times15\div3$

↑底面積　↑高さ

$=5\times5\times3.14\times15\div3$

$=78.5\times15\div3$

$=392.5$　　**392.5cm³**

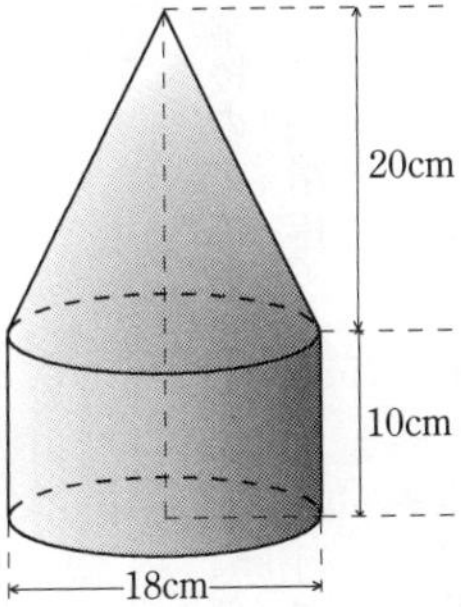

左の立体の体積

$9\times9\times3.14\times10$

$=2543.4$　←下の円柱の体積

$9\times9\times3.14\times20\div3$

$=254.34\times20\div3$

$=1695.6$　←上の円錐の体積

$2543.4+1695.6$

$=4239$

4239cm³

〔29−14〕

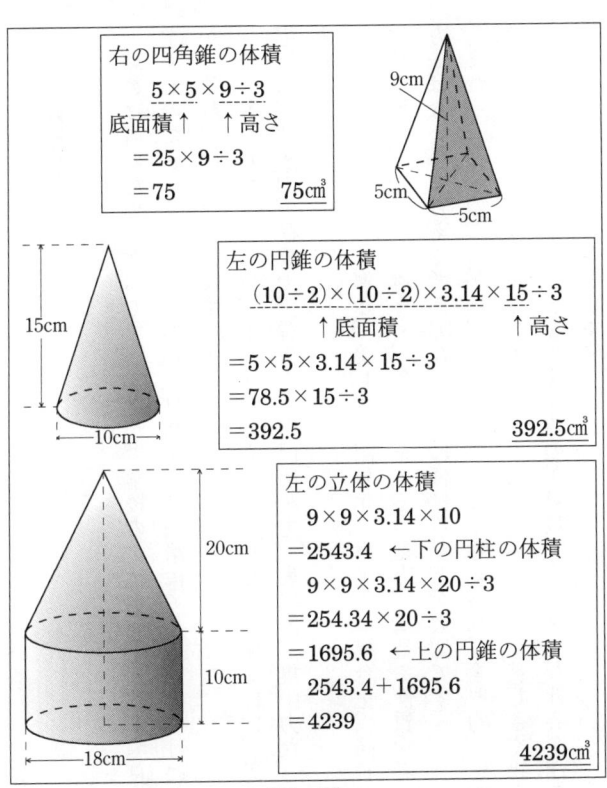

あとがき

算数は何のために学ぶのでしょうか。学校のテストや入学試験で良い点を取るためだけに学ぶものでしょうか。買い物など日常生活が円滑にできるためだけに学ぶものなのでしょうか。それだけではないはずです。

子どもたちが成長して、この社会で立派に楽しく生活するには、思考力、注意力、創造力、応用力、理解力、構成力、説得力、自己解決力、表現力、集中力なども養わせなければなりません。

さらに、正確さ、丁寧さ、美しさ。記号化、単純化、統合化、同じと見る見方、違いを見付ける見方、拡張する考え方、条件を整える考え方、構造や性質を考える考え方、よりよい方法はないかと考える考え方などを身に付けることが大切です。

また、子どものころから、順序だてて正しく考えられ、論理的な思考ができるようにしなければなりません。正確さを養うことも大事です。整った美しさや物事のよさを知ることも大事です。このようなことを指導するのが算数です。幸せな社会を作るために算数も教えられなければならないと思います。

算数の指導法も考える必要があります。食事の仕方を例にすると、いかに美味《おい》しいものでも、「これにはこういう栄養があるから、よく噛《か》んで、お行儀よく食べなさい。お茶碗《ちゃわん》の持ち方はこう、お箸《はし》の持ち方はこうするの、ほらほら違います」などと言われているのは、ある面では大事かもしれませんが、せっかくの美味しいものも美味しく感じなくなるのではないでしょうか。私たちは毎日さまざまなものを食べていて、いつの間にか血や肉になっていますが、今食べたものがどのように体のためになったかなどということを考えながら食事をしているわけではありません。

「これを身に付ければどんな力が付く」ということではなく、毎日からだのためになるものを欠かさず食べることにより強いからだができるように、子どもに勉強させるのではなく、先生や大人が勉強して、毎日子どもたちのためになるような材料で無意識に子どもたちに接していることが大事ではないかと思います。そのためには、子どもたちを愛する大人が、自分の得意なもので、子どもたちをリードし、子どもたちが自分から進んで考えるようにすることが大切です。

算数は思考の勉強だと思います。私は算数が好きだから、算数で思考の仕方や、人生の生き方を教えているのです。算数は、確かな根拠に基づいて、自分の思考を発展させるものだと思っています。小学校では、算数の専門家だけが算数を教えているのではありません。クラスの担任が教えている学校が多いのです。最近は高学年には算数の専門家が算数を教えるような学校も増えてはいますが、そもそも数学の専門家ではない担任も大勢算数を教えているのは、小学校では子どもの人間性を育てることを大事にしてきたからではないかと思います。

ところが最近は、小学生の算数の成績を問題にするようになり、それも大事なことですが、そればかりでは何か大事なものを失ってしまい、世の中でも小学校の教育が問題になるような悲しい事件が数多く起きているような気がします。小学生の算数の力を上げるだけなら、算数を教える先生を全部算数の専門家にしたらよいのです。でも、立派な人を育てるために算数を使うのですから、算数の専門家ばかりが算数を教えたらよいのかは疑問です。算数に喜んで取り組む子どもを育てたければ学校では学級経営が大切です。子どもたちが仲良くて、いじめなどなくみんなが喜んで学校に来るようにすることです。それは小学校では学級担任の責任でもあると思います。子どもたちのいじめをなくすには、先生がどの子をもその子なりに愛し、どの子も自分は先生に愛されていると思えるようにすることだと思います。

小学校では、子どもに勉強をしなさいという前に、先生がどのように教えたらよいかを勉強すべきです。教科書は多くの名だたる先生が議論しながら作っています。教科書は子どもたちのためばかりでなく、先生方の勉強のためにあると思います。教科書に書いてあることを基にして、自分なりに噛み砕いて子どもたちに与えることが小学校では大事だと思います。そして、子どもたちが自分から考えるようにさせることです。それには子どもの拙《つたな》い考えも大切にして上手にリードしてあげることです。それぞれの子どもに適した教え方を工夫すべきだろうと思います。

　そのために、この本を書かせていただきました。この本では多分に私の勉強してきた算数を書いてきました。この通りにしなさいというのではありません。少しでも、小学校の先生や、子どもを持つお父様、お母様の参考になればと思って書いたつもりです。

　小学校の先生やお父様・お母様方は、自分が得意なものを通して、子どもたちを立派に育てることが大事だと思っています。私は、算数で大事なものは思考法だと思うのです。次世代を担う人を育てる算数を目指すべきだと思っています。

平成二十年四月

中山　理

中山 理（なかやま・ただし）

1937年，東京生まれ．東京学芸大学卒業．慶應義塾幼稚舎教諭等を経て，現在，十文字中学・高校講師，大妻女子大学講師．元日本私立初等学校算数部会全国委員長．
著書『子どもの喜ぶ算数クイズ&パズル&ゲーム』（黎明書房，1988）
『コピーして使える楽しい算数クイズ&パズル&ゲーム』全３冊（黎明書房，1995）
『はじめてのかず』（監修，教学研究社，2003）
『おもしろイラスト入り　頭のトレーニング算数クイズ』（明治図書出版，2005）
その他学校図書の算数教科書など多数執筆．

算《さん》数《すう》再《さい》入《にゅう》門《もん》
中公新書 *1942*

2008年４月25日発行

著　者　中山　理
発行者　早川準一

本文印刷　三晃印刷
カバー印刷　大熊整美堂
製　本　小泉製本

発行所　中央公論新社
〒104-8320
東京都中央区京橋 2-8-7
電話　販売 03-3563-1431
　　　編集 03-3563-3668
URL http://www.chuko.co.jp/

Published by CHUOKORON-SHINSHA, INC.
Printed in Japan　ISBN978-4-12-101942-4 C1241

中公新書刊行のことば

一九六二年一一月

いまからちょうど五世紀まえ、グーテンベルクが近代印刷術を発明したとき、書物の大量生産は潜在的可能性を獲得し、いまからちょうど一世紀まえ、世界のおもな文明国で義務教育制度が採用されたとき、書物の大量需要の潜在性が形成された。この二つの潜在性がはげしく現実化したのが現代である。

いまや、書物によって視野を拡大し、変りゆく世界に豊かに対応しようとする強い要求を私たちは抑えることができない。この要求にこたえる義務を、今日の書物は背負っている。だが、その義務は、たんに専門的知識の通俗化をはかることによって果たされるものでもなく、通俗的好奇心にうったえて、いたずらに発行部数の巨大さを誇ることによって果たされるものでもない。現代を真摯に生きようとする読者に、真に知るに価いする知識だけを選びだして提供すること、これが中公新書の最大の目標である。

私たちは、知識として錯覚しているものによってしばしば動かされ、裏切られる。私たちは、作為によってあたえられた知識のうえに生きることがあまりに多く、ゆるぎない事実を通して思索することがあまりにすくない。中公新書が、その一貫した特色として自らに課すものは、この事実のみの持つ無条件の説得力を発揮させることである。現代にあらたな意味を投げかけるべく待機している過去の歴史的事実もまた、中公新書によって数多く発掘されるであろう。

中公新書は、現代を自らの眼で見つめようとする、逞しい知的な読者の活力となることを欲している。

中公新書

教育・家庭

m1

1403	子ども観の近代	河原和枝
1588	子どもという価値	柏木惠子
1765	〈子育て法〉革命	品田知美
1300	父性の復権	林　道義
1497	母性の復権	林　道義
1675	家族の復権	林　道義
1630	父親力	正高信男
1488	日本の教育改革	尾崎ムゲン
1631	大学は生まれ変われるか	喜多村和之
1764	世界の大学危機	潮木守一
829	児童虐待	池田由子
1643	学習障害(LD)	柘植雅義
1760	いい学校の選び方	吉田新一郎
1136	0歳児がことばを獲得するとき	正高信男
1583	子どもはことばをからだで覚える	正高信男
1882	声が生まれる	竹内敏晴
1559	子どもの食事	根岸宏邦
1484	変貌する子ども世界	本田和子
1249	大衆教育社会のゆくえ	苅谷剛彦
1704	教養主義の没落	竹内　洋
1884	女学校と女学生	稲垣恭子
1864	ミッション・スクール	佐藤八寿子
1065	人間形成の日米比較	恒吉僚子
1360	異文化に育つ日本の子ども	梶田正巳
1578	イギリスのいい子日本のいい子	佐藤淑子
416	ミュンヘンの小学生	子安美知子
797	私のミュンヘン日記	子安　文
1350	ケンブリッジのカレッジ・ライフ	安部悦生
1732	アメリカの大学院で成功する方法	吉原真里
607	数学受験術指南	森　毅
986	数学流生き方の再発見	秋山　仁
1438	国際歴史教科書対話	近藤孝弘
1714	情報検索のスキル	三輪眞木子
1942	算数再入門	中山　理